違いがわかる酒クズの

CRAFT BEER《クラフトビール》超批評

47都道府県コンプリート版

今酒ハクノ
IMASAKA HAKUNO

GB

まえがき

酒クズ諸君、こう考えてはいないか。「クラフトビールだァ〜ッ？　酔えればなんでも一緒だろ！　カタカナ言葉で知ったようなレビューするヤツ、ありゃ酔ってんのは酒じゃなくて自分にじゃねェのォ〜ッ？」と。

花京院とホリィさんの魂を賭け[1]、ここに断言する。みんなのうち四人に三人は、飲《や》る気さえあれば「違いがわかる酒クズ」になれる。そしてこの本は、その飲る気を引き出す助けになるはずだ。ある研究によると、味蕾《みらい》の数がもともと少ないマジの味音痴は、四人にひとりしかいないらしい。つまりビールの味がわからない人の四人に三人は、単に理解できるだけの経験が足りないにすぎないわけ。

かくいう私もそうだった。バーチャルYouTuber——いわゆるVTuberになる前、私は氷結とストゼロの区別すらつかないバカ舌で。それが経験ゼロから味を比較しレビューする動画を投稿し続けた結果、今じゃ動画一本で生活できてるからね。飲る気出してレベリングさえすりゃ、たいていの人は「違いがわかる」側に立てるってことよ。

悪くねぇよ、違いがわかるってのは。別にまずいと感じる酒が増えるわけじゃない。今まで漠然と「うまい」と理解してた酒の中に、「コクが特別感じられる」とか「香りが変わってる」とか、ものすごいグラデーションがあることが理解できるようになる。同じ酒一杯をより豊かに楽しめる、それが「違いがわかる」ってこと。あなたが山岡士郎[2]じゃない限り、違いがわかって損することなんかひとつもないわけ。

1　荒木飛呂彦による冒険活劇漫画『ジョジョの奇妙な冒険』第三部に登場する、主人公・承太郎の友人と母親。魂を賭けて奪うギャンブラー・ダービーによるイカサマポーカーで敗北寸前に追い込まれた承太郎は、逆にこの二名の魂をオールインする大ブラフで逆転勝利した。なおこの「何かを断言する際花京院の魂を賭ける」という行為は、インターネットにおいて古くからしばしば見受けられる。

2　雁屋哲原作、花咲アキラ作画によるグルメ漫画『美味しんぼ』の主人公。鋭敏な舌と料理の腕をもっているが、食べ物のこととなるとムキになりしょっちゅう他者へ喧嘩を売る。

3　ギャグの意味がわからないときは、今のようにこの脚だが、わかるよ。最初の一歩とは難しいものだ。第三のビールなら四〜五本飲めそうなこの価格。払うだけの価値があるビールなのか、ネットのレビューじゃ判断つかんよな。ああいうのって大概「うまい」くらいしか書いてないか、ややこしい言葉が多すぎて逆に理解不能かの二択だしね。

私が寄り添いたいのは、まさにそういう悩める諸君ってわけ。この本では、日本に四七あるすべての都道府県から六一本ものビールを取り寄せて――そう、わざわざ現地に行かねば飲めないビールはここにない。すべてネットで注文できるはずだ――実際に飲み、その味の違いをレビューしている。私は食レポ動画で生活してるVTuberだから、当然「うまい」よりははるかに詳しく味を説明してるし、かといって専門家じゃないから難解な用語であなたの頭を悩ませることもない。結果としてあなたは、奇妙なギャグに満ちた[3]酔っ払いの怪文書を読んでいるうちに、六一本ものクラフトビールが脳に刻まれることとなるわけだ。

千本の道も一本から、この本を読んでピンときたビール、自分に合いそうなビール、地元のビール、なんでもいい。そこをキッカケに数本手に取ってくれれば、それがあなたの「違いがわかる酒クズ」生活の一杯目となることだろう。

一生を変えるかは知らんが一日は確実に変える[4]、この趣味へ飛び込む準備はよろしいかな? 覚悟ができたら早速ページをめくり、乾杯の挨拶をしよう。

滅びよ人類[5]!

注を見てほしい。筆者たる今酒ハクノが自らギャグの解説をしているので、モヤモヤを残さず次に進めるというわけだ。まぁ、「ギャグの解説」という行為自体はモヤモヤするけどね。

4 ベネズエラを拠点とするSukeban Gamesが開発したビジュアルノベルゲーム「VA-11_HALL-A」に登場するセリフ「一日を変え、一生を変えるカクテルを!」より。サイバーパンク世界のバーで働く主人公が、文字どおりカクテルで客の一日や一生を変えていくゲームで、このセリフはバー開店前の掛け声のようなものである。

5 今酒ハクノ流の乾杯の挨拶。なぜ乾杯するだけで滅ぼしているのかに関しては24頁の「今酒コソコソ噂話」を参照のこと。

CONTENTS

掲載ブルワリー MAP

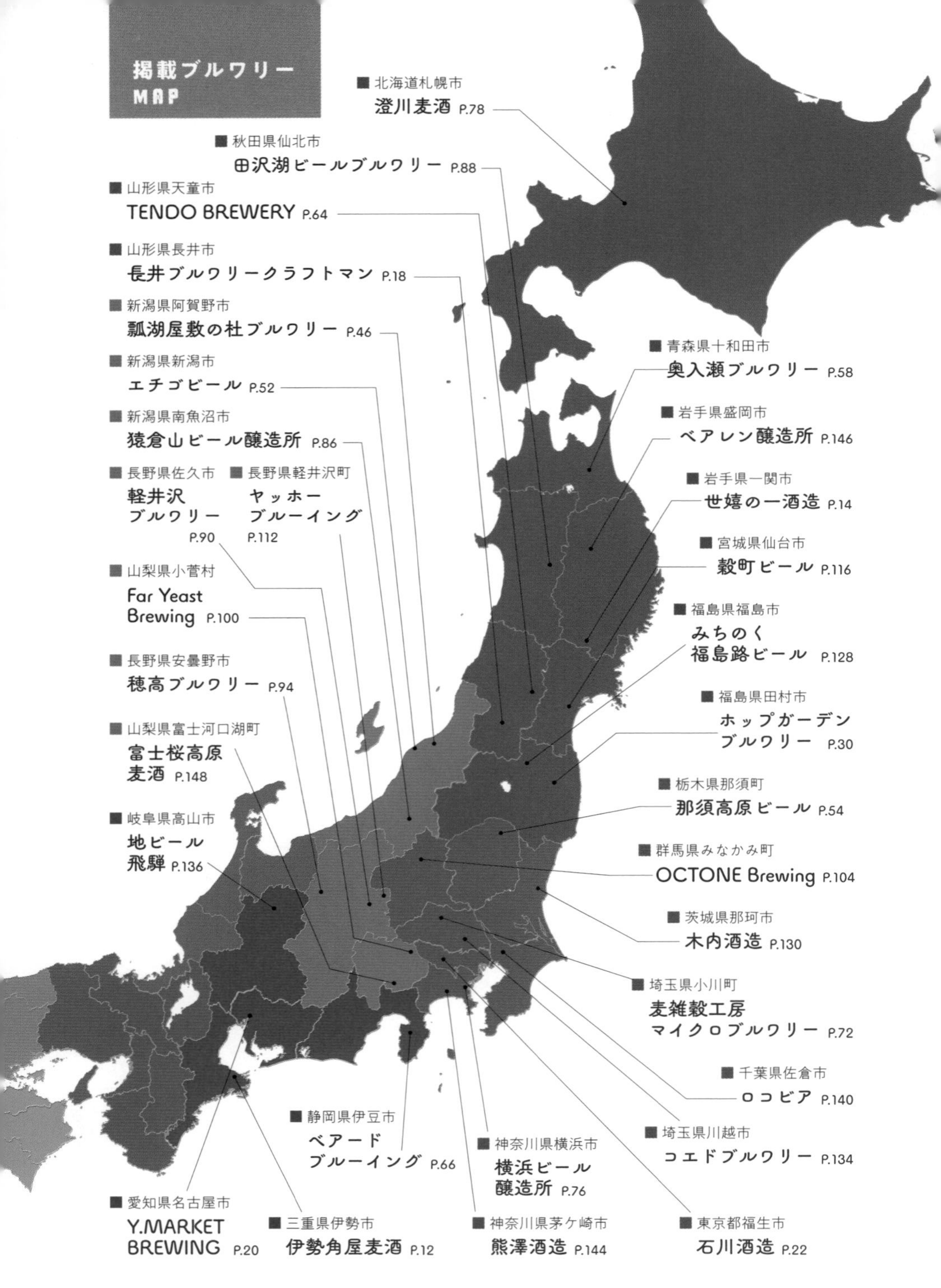
■北海道札幌市
澄川麦酒 P.78
■秋田県仙北市
田沢湖ビールブルワリー P.88
■山形県天童市
TENDO BREWERY P.64
■山形県長井市
長井ブルワリークラフトマン P.18
■新潟県阿賀野市
瓢湖屋敷の杜ブルワリー P.46
■新潟県新潟市
エチゴビール P.52
■新潟県南魚沼市
猿倉山ビール醸造所 P.86
■長野県佐久市
軽井沢ブルワリー P.90
■長野県軽井沢町
ヤッホーブルーイング P.112
■山梨県小菅村
Far Yeast Brewing P.100
■長野県安曇野市
穂高ブルワリー P.94
■山梨県富士河口湖町
富士桜高原麦酒 P.148
■岐阜県高山市
地ビール飛騨 P.136
■青森県十和田市
奥入瀬ブルワリー P.58
■岩手県盛岡市
ベアレン醸造所 P.146
■岩手県一関市
世嬉の一酒造 P.14
■宮城県仙台市
穀町ビール P.116
■福島県福島市
みちのく福島路ビール P.128
■福島県田村市
ホップガーデンブルワリー P.30
■栃木県那須町
那須高原ビール P.54
■群馬県みなかみ町
OCTONE Brewing P.104
■茨城県那珂市
木内酒造 P.130
■埼玉県小川町
麦雑穀工房マイクロブルワリー P.72
■千葉県佐倉市
ロコビア P.140
■埼玉県川越市
コエドブルワリー P.134
■静岡県伊豆市
ベアードブルーイング P.66
■神奈川県横浜市
横浜ビール醸造所 P.76
■愛知県名古屋市
Y.MARKET BREWING P.20
■三重県伊勢市
伊勢角屋麦酒 P.12
■神奈川県茅ケ崎市
熊澤酒造 P.144
■東京都福生市
石川酒造 P.22

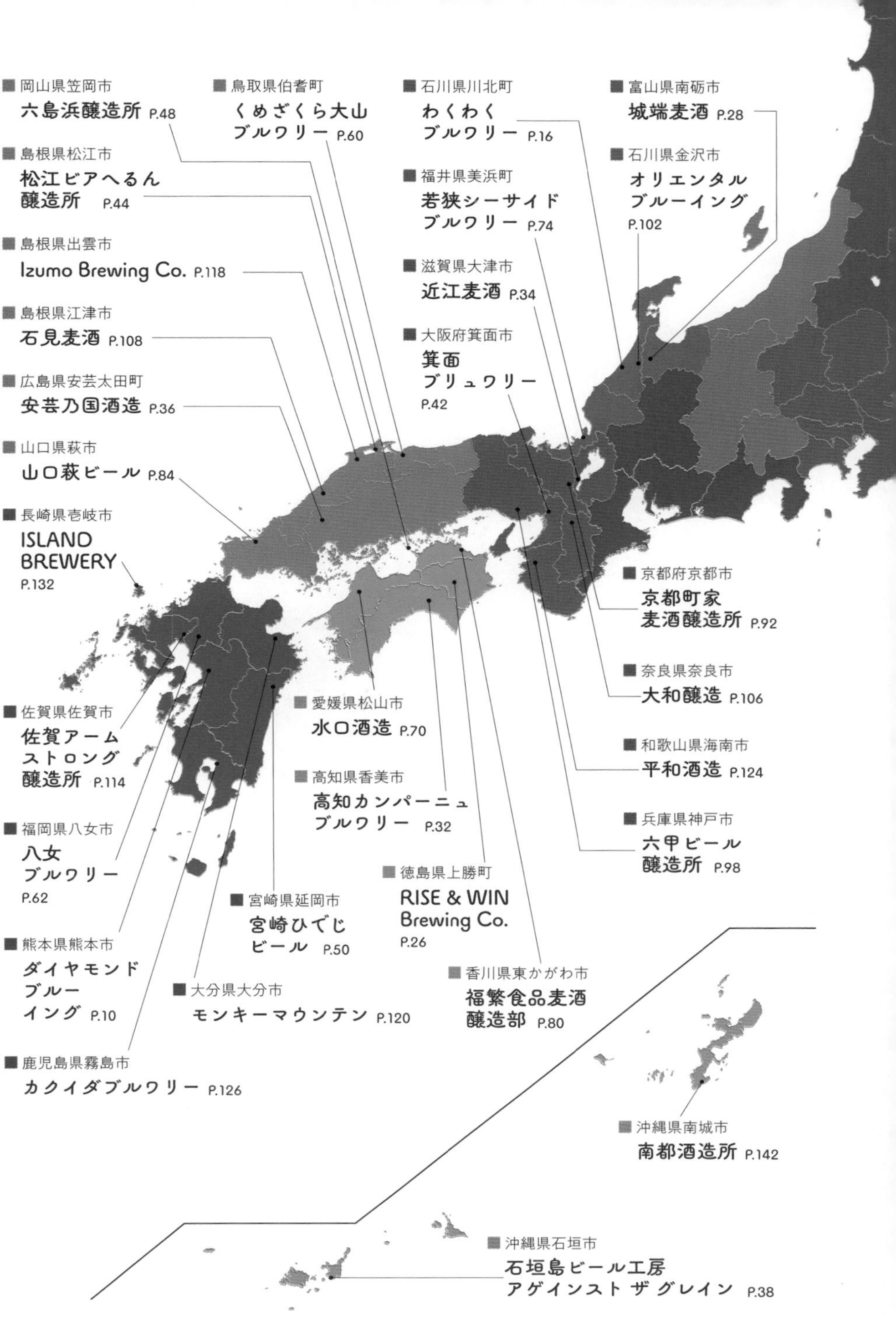

■ 岡山県笠岡市
六島浜醸造所 P.48
■ 鳥取県伯耆町
くめざくら大山ブルワリー P.60
■ 石川県川北町
わくわくブルワリー P.16
■ 富山県南砺市
城端麦酒 P.28
■ 島根県松江市
松江ビアへるん醸造所 P.44
■ 福井県美浜町
若狭シーサイドブルワリー P.74
■ 石川県金沢市
オリエンタルブルーイング P.102
■ 島根県出雲市
Izumo Brewing Co. P.118
■ 滋賀県大津市
近江麦酒 P.34
■ 島根県江津市
石見麦酒 P.108
■ 大阪府箕面市
箕面ブリュワリー P.42
■ 広島県安芸太田町
安芸乃国酒造 P.36
■ 山口県萩市
山口萩ビール P.84
■ 長崎県壱岐市
ISLAND BREWERY P.132
■ 京都府京都市
京都町家麦酒醸造所 P.92
■ 奈良県奈良市
大和醸造 P.106
■ 愛媛県松山市
水口酒造 P.70
■ 佐賀県佐賀市
佐賀アームストロング醸造所 P.114
■ 和歌山県海南市
平和酒造 P.124
■ 高知県香美市
高知カンパーニュブルワリー P.32
■ 兵庫県神戸市
六甲ビール醸造所 P.98
■ 福岡県八女市
八女ブルワリー P.62
■ 徳島県上勝町
RISE & WIN Brewing Co. P.26
■ 宮崎県延岡市
宮崎ひでじビール P.50
■ 熊本県熊本市
ダイヤモンドブルーイング P.10
■ 香川県東かがわ市
福繁食品麦酒醸造部 P.80
■ 大分県大分市
モンキーマウンテン P.120
■ 鹿児島県霧島市
カクイダブルワリー P.126
■ 沖縄県南城市
南都酒造所 P.142
■ 沖縄県石垣市
石垣島ビール工房アゲインスト ザ グレイン P.38

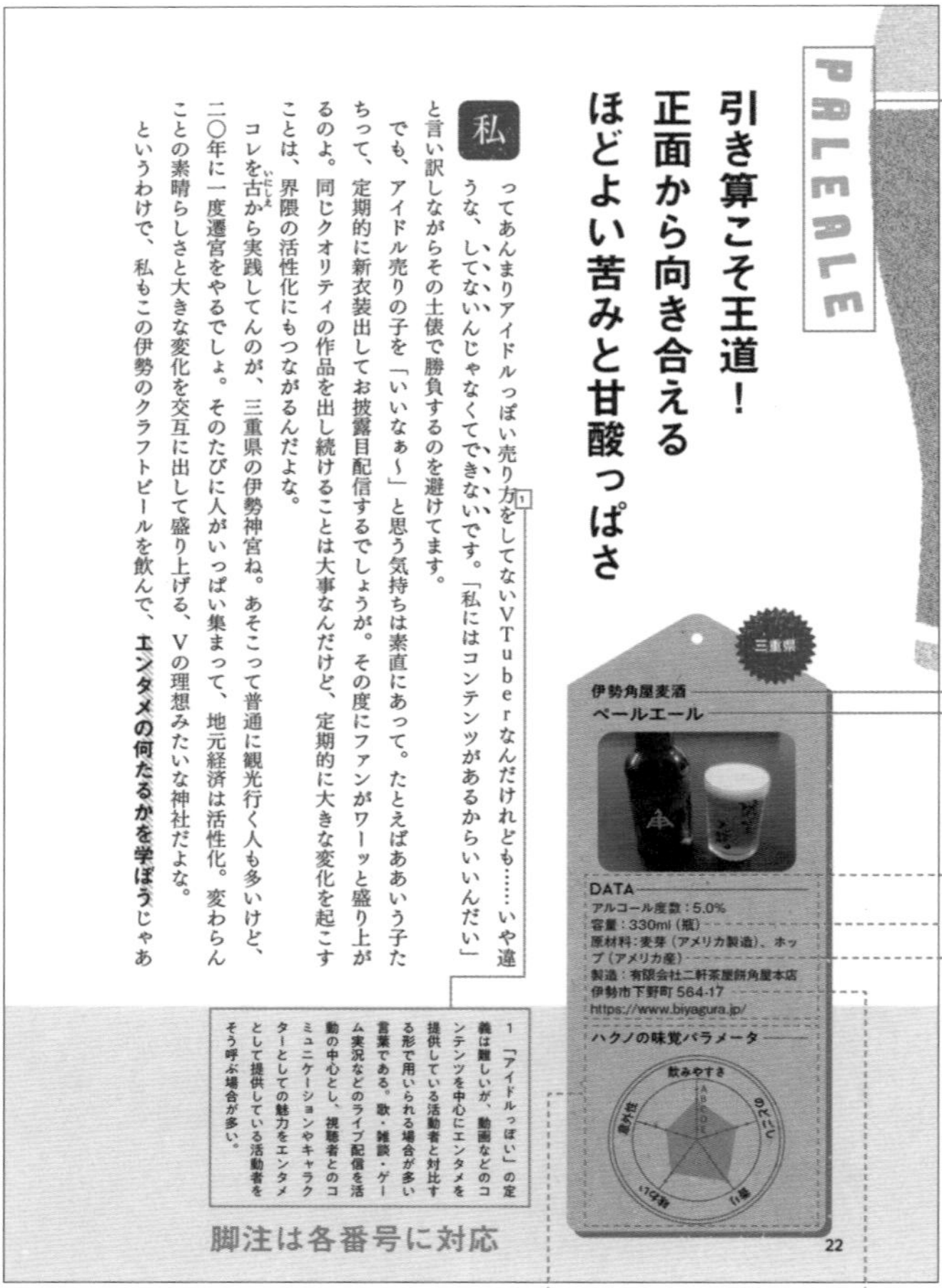
PALEALE

引き算こそ王道！
正面から向き合える
ほどよい苦みと甘酸っぱさ

私ってあんまりアイドルっぽい売り方[1]をしてないVTuberなんだけれども……いや違うな、していないんじゃなくてできないです。「私にはコンテンツがあるからいいんだい」と言い訳しながらその土俵で勝負するのを避けてます。

でも、アイドル売りの子を「いいなぁ〜」と思う気持ちは素直にあって。たとえばああいう子たちって、定期的に新衣装出してお披露目配信するでしょうが。その度にファンがワーッと盛り上がるのよ。同じクオリティの作品を出し続けることは大事なんだけど、定期的に大きな変化を起こすことは、界隈の活性化にもつながるんだよな。

コレを古《いにしえ》から実践してんのが、三重県の伊勢神宮ね。あそこって普通に観光行く人も多いけど、二〇年に一度遷宮をやるでしょ。そのたびに人がいっぱい集まって、地元経済は活性化。変わらんことの素晴らしさと大きな変化を交互に出して盛り上げる、Vの理想みたいな神社だよな。

というわけで、私もこの伊勢のクラフトビールを飲んで、**エンタメの何たるかを学ぼう**じゃあ

1 「アイドルっぽい」の定義は難しいが、動画などのコンテンツを中心にエンタメを提供している活動者と対比する形で用いられる場合が多い言葉である。歌・雑談・ゲーム実況などのライブ配信を活動の中心とし、視聴者とのコミュニケーションやキャラクターとしての魅力をエンタメとして提供している活動者をそう呼ぶ場合が多い。

脚注は各番号に対応

三重県
伊勢角屋麦酒
ペールエール

DATA
アルコール度数：5.0%
容量：330ml（瓶）
原材料：麦芽（アメリカ製造）、ホップ（アメリカ産）
製造：有限会社二軒茶屋餅角屋本店
伊勢市下野町564-17
https://www.biyagura.jp/

ハクノの味覚パラメータ
飲みやすさ
のどごし
意外性

22

ビアスタイル

ブルワリー名

製品名

DATA
DATA欄は各ブルワリー提供による情報に基づいています

容量
容量や容器（缶・瓶）は複数ある製品もありますが、筆者が実際に飲んだもののみを記載しています

原材料
原材料や産地は2022年7月から2023年3月までの期間に購入した製品のものです。製造時期によっては異なる場合があります

ハクノの味覚パラメータ
パラメータの値はあくまで筆者の主観によるものです。製品の保存状態やあわせる食事などによって異なる感じ方をする場合もあるのでご了承ください

製造
原則的に当該製品が実際に醸造された住所を記載しています。ただし、一部例外的に製造会社の本社所在地を記載している場合もあります

掲載製品は各ブルワリーや小売店の通販サイトで通年販売されているものから選出していますが、繁忙期などタイミングによっては品切れとなっている場合もあります。また、掲載製品の中には日本の酒税法上は「発泡酒」に分類されるものもあります。

ペールエール

ペールエールは、麦やホップをしっかりと感じられることが特徴的な、クラフトビール界では中心的なビアスタイルだね。ビールって使用する酵母によって「エール」と「ラガー」に分かれるんだけど、エールはラガーに比べて発酵時にガンガン冷やさなくていいし、発酵や熟成の時間も短くて済むから、小規模な醸造所でも造りやすいんだよね。ペールエールの発祥自体はイギリスなんだけど、人気が爆発したのはアメリカで、特にアメリカ風のペールエールは華やかなホップの香りに特徴があるよ。

泡まで上質な柑橘の香り
通も納得させるバランスの
ビールらしさと独自性

PALE ALE

我が故郷たる福岡県には、スペースワールドって遊園地があったんだよね。かつては毎週火曜朝に福岡ローカルで三〇分番組をもってるくらい栄えてたんだけど、とうとう閉業しちゃったんだよな。確かに私が行った頃には全盛期の輝きはなくて人もまばらだったんだけど、デートにも使ったことある思い出の地だっただけに、非常に残念だよ。

そんじゃ、今の福岡の若い子が遊園地デートしたいときはどうすりゃいいのか。福岡にはもうまともな遊園地[1]って存在しなくて、自分を野原ひろしだと思い込むには[2]、いったん**熊本さんに頭下げる必要がある**んだよね……。いや、熊本のグリーンランドは文句なしにいい遊園地だよ？　本物の幽霊もいるし。[3]ただ、九州一の都会を自負している福岡が、この手のエンタメで負けたままでいいのかって忸怩《じくじ》たる思いはあるんだよな。

どうする？　これでクラフトビールの味まで熊本が上だったら。酒とエンタメを愛するこの私には耐えがたい結果となってしまうよ。ここは一度きちんとその実力を確かめさせていただく必要

熊本県

ダイヤモンドブルーイング
YAMAYODARE
-Pale Ale-

DATA
アルコール度数：5.0%
容量：330ml
原材料：麦芽（イギリス製造）、甘夏果汁（熊本県産）、ホップ
製造：株式会社ダイヤモンドブルーイング
熊本市東区長嶺南 3-1-102
https://diamondbrewing.co.jp/

ハクノの味覚パラメータ

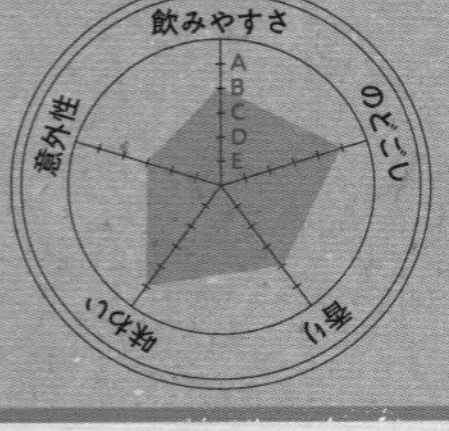

1　観覧車があるだけとか、本当にチビッコ向けの遊具だけ置いてあるみたいな場所ならある。だが、奴にレペゼン福岡の名は重すぎらぁ。

2　塚原洋一によるグルメ漫画『野原ひろし 昼メシの流儀』に、「テーマパークに来たみたいだぜ テンション上がるなぁ～」というセリフがある。なお本作は、臼井儀人によるギャグ漫画『クレヨンしんちゃん』のスピンオフ作品なのだが、作風や主人公であ

があるというわけで、熊本県熊本市のブルワリー、ダイヤモンドブルーイングのペールエール、「YAMAYODARE」を頂くとしよう。滅びよ人類!

……うぐッ! こりゃヤバイ、**泡までしっかりビールとして上質**じゃん。

クラフトビールって「普段のビールとぜんぜん違ってウマいなぁ〜」って感想になるときと、「普段のビールが正統進化したみたいでウマいなぁ〜」ってなるときの二種類あると思ってんだけど。両方のいいトコをしっかりもってるね。

このビールの副原料は甘夏らしいんだけど、これは飲んだ瞬間に、というか、泡に口をつけた瞬間にハッとわかる。**瑞々しさを伴う優しくて爽やかな柑橘の香り**が、アタックからフワッと鼻まで駆け抜けていくんだよね。泡の質感も舌触りもどこかまろやかで、非常に味わいやすいと感じる。

なんだけど、その飲みやすさにビールっぽさが全然押し流されてないのよ。柑橘香の裏側から、香ばしい麦の香りがきちんと立ち上って、味のうま味、コクにも貢献してる。ときどきクラフトビール飲んでると「確かに飲みやすいんだけど、これもうビールでやる必要なくないか?」って**面倒な二次創作オタク**[4]みたいなツラをしたくなってしまう、極端にビールっぽさを脱臭したモノとかにも出くわすんだよな。そのエンタメ的飲みやすさとビールらしさ、これを見事なバランスで両立させてるのは偉いよ。あるべき姿だと思うね。

こりゃあ負けてられん! 福岡からも、もっともっと上質なクラフトビールが出てくれないと。そのうちビールも熊本が九州で一番、九州ラーメンといえば熊本が一番になっちゃうかもしれないぞ。そこだけは譲れんばい……!

るひろしの顔が原作からかけ離れた不気味さをもっているとネットで話題になり、「自分を野原ひろしだと思い込んでいる一般人」とあだ名されることとなった。

3 グリーンランドのアトラクション「ホラータワー 廃校への招待状」は、本物の幽霊が出るお化け屋敷として、オカルトを取り扱っていたバラエティ番組「USO!?ジャパン」に取り上げられたことがある。

4 二次創作として小説や漫画を制作するオタクは、しばしば「今妄想してるこのシチュエーションって、別にこの原作(このカップリング)で表現する必然性がなくないか?」と手が止まってしまうことがある。個人的には別に必然性なんかいらないと思うし、それを他人に強制するのはもっと違うと思う。

PALEALE

引き算こそ王道！正面から向き合えるほどよい苦みと甘酸っぱさ

私ってあんまりアイドルっぽい売り方[1]をしてないVTuberなんだけれども……いや違うな、してないんじゃなくてできないです。「私にはコンテンツがあるからいいんだい」と言い訳しながらその土俵で勝負するのを避けてます。

でも、アイドル売りの子を「いいなぁ〜」と思う気持ちは素直にあって。たとえばああいう子たちって、定期的に新衣装出してお披露目配信するでしょうが。その度にファンがワーッと盛り上がるのよ。同じクオリティの作品を出し続けることは大事なんだけど、定期的に大きな変化を起こすことは、界隈の活性化にもつながるんだよな。

コレを古《いにしえ》から実践してんのが、三重県の伊勢神宮ね。あそこって普通に観光行く人も多いけど、二〇年に一度遷宮をやるでしょ。そのたびに人がいっぱい集まって、地元経済は活性化。変わらんことの素晴らしさと大きな変化を交互に出して盛り上げる、Vの理想みたいな神社だよな。

というわけで、私もこの伊勢のクラフトビールを飲んで、**エンタメの何たるかを学ぼう**じゃあ

三重県

伊勢角屋麦酒
ペールエール

DATA
アルコール度数：5.0%
容量：330ml（瓶）
原材料：麦芽（アメリカ製造）、ホップ（アメリカ産）
製造：有限会社二軒茶屋餅角屋本店
伊勢市下野町 564-17
https://www.biyagura.jp/

ハクノの味覚パラメータ

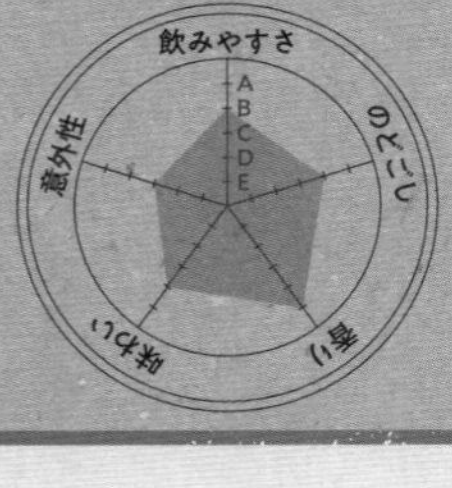

1 「アイドルっぽい」の定義は難しいが、動画などのコンテンツを中心にエンタメを提供している活動者と対比する形で用いられる場合が多い言葉である。歌・雑談・ゲーム実況などのライブ配信を活動の中心とし、視聴者とのコミュニケーションやキャラクターとしての魅力をエンタメとして提供している活動者をそう呼ぶ場合が多い。

りませんか。伊勢《いせ》角屋《かどや》麦酒のペールエール、あくまで勉強としてね、味わわせていただきましょう。滅びよ人類！

……伊勢角屋なのに角ねぇじゃん！[2]

もう飲む前から隠せない勢いで柑橘っぽい香りが立ってるんだけど。実際口にしてみると、この香りが鼻まで突き抜けるような広がり方をするね。この果物を具体的に言うとなんだろうなぁ、グレープフルーツから甘さと果汁っぽさを七〜八割カットした味、とか表現したらみんなにも伝わるかな。

というのも、同時に気づかされるのが、ちょっぴり、ほんのちょっぴりだけ見え隠れする甘酸っぱさ。そしてハッキリ輪郭が見えながらもとんがり過ぎていない、**どこか丸みをもった苦さ**なんだよね。この苦みが意外と舌にしっかり残って、フレッシュな香りと甘酸っぱさと組み合わさって、あたかも苦めのグレープフルーツのように感じられる。

そんでこのビールの特にすごいところは、ここまでで紹介したような味をキッチリ表現するために、それ以外の雑味をEQ[3]で低音をカットしたみたいにガッツリ引き算してるところかな。ハッキリした苦みや爽やかな香りと正面から向き合わせるために、**いらないものをきちんと片づけてる**。そんな味わいだね。

このビールを飲んで、改めて勉強になったことがある。いいものってのはやっぱ、引き算なんだね。私の家はゴミ屋敷だから部屋にも余計なモンが散らばってるし、**動画のネタもこれでもかって盛る**方向で力入れちゃうんだけど、これくらいスッキリさせるのが王道なんだな。勉強になった、今後は要らないものはなるべく削りたいね、出費とか脂肪とか……！

2　中古本販売チェーン店のブックオフのCMにおいて寺田心が叫ぶセリフ「ブックオフなのに本ねぇじゃん」より。ブックオフには中古本の他にも洋服や電化製品を販売している店舗があるが、その様子に困惑する客の心を見透かすかのように、店員に扮した寺田心が右記のセリフを放つ。

3　音響に関する専門用語でイコライザーの略。音響機器やソフトウェアなどを使用して、音源から特定の周波数を削る、または特定の周波数を増幅させ、それにより音をスッキリと聴き心地がいいように調整する役割を果たす。

PALEALE

ひと口目のフルーティーさ うま味と苦みを届ける麦 飽きのこない無限裏表編！

今年の正月はみんな餅食った？　わざわざ世間に合わせて変わったモン食うなんてロックじゃねぇぜって昔の私は思ってたけど、今は素直に食った方がいい派だね。だって季節のイベント全無視してたら、人生なんて「ぼくのなつやすみ」をＴＡＳで攻略した[1]みたいになるよ。

特に餅なんか年に一回、このタイミングくらいしか食わないんだから、生涯であと何個食えるか考えれば……えっごめん、**岩手では餅を年中食うんだって。**月イチ以上のペースで餅を食うイベントがあって、そのレシピも三〇〇種近いとか。ちなみにずんだ餅もあるのだ。嬉しいのだ。[2]

そんな地元名物餅も食べられるうえにクラフトビールも飲める、まさに岩手がしっかりと楽しめるブルワリーが一関にある。それが世嬉の一酒造。日本酒の酒蔵さんがビール造りもやってあるパターンで、これは醸造技術がビールにも活きてそうだよね。もともと芸人とか声優とかやってた人がＶＴｕｂｅｒやるパターンと一緒だたぶん、そういう素地がある人は自然とクオリティ高くて目立つからな。

1　二〇〇〇年発売「ぼくのなつやすみ」は、夏休みの少年を操り、虫取りや魚釣りなど田舎の夏っぽいイベントを楽しむゲーム。なのだが、ツールアシストを用い最速クリアを狙う（ＴＡＳ）場合、イベントをすべて無視し毎日寝て過ごすのが最適解。ちなみにこのプレイを行うと、夏休み最終日の絵日記には「この夏休みはなんにもないすばらしい夏休みだった」とだけ記述されることになる。

岩手県

世嬉の一酒造

いわて蔵ビール ペールエール

DATA

アルコール度数：4.0%
容量：330ml
原材料：麦芽（イギリス、ドイツ製造）、ホップ
製造：世嬉の一酒造株式会社
一関市田村町 5-42
https://sekinoichi.co.jp/beer/

ハクノの味覚パラメータ

今回はここの「いわて蔵ビール　ペールエール」を飲んでみることにしよう。滅びよ人類！

——ミックスジュース!?　……いや、ビールか！

いや驚いた。「フルーティなビールです」って紹介は他のビールでもよくするんだけど、これほど明確にひと口目がフルーティだったのはこれが初かもしれない。それもフルーツ誰か単体じゃない、まるで**複数の果物が同時に現れたような欲張りフレーバー**なわけよ。桃みたいな甘さを感じるかと思えば、オレンジか何かを思わせる酸味もある。メチャクチャ複雑なんだけど、漠然とフルーツだとはわかるわけだ。

で、衝撃で「えっ？」と固まってたら、その直後にフッと味が麦に戻るわけ。ややガッシリした身体が印象深い、うま味と苦みが結構ドンとくる、飲みごたえのある味わい。あんなジューシーな感じがいきなりこんな屈強になることありますか？　今まで飲んでいたミックスジュースは!?[3]とビビってしまうこと間違いなしだね。

いや、あんまりにも二面性があるぞこのビール。**何口飲んでもこのギャップにドカン**とやられてしまって、その度に衝撃を感じる。私も寛容な方ではない自覚があるから、私の前ではニコニコしてるくせにヨソでは私の悪口言ってるような裏表激しい奴はなるべく人間関係からはじき出したいと思ってるんだけど、ビールに限って言えば例外だね。これなら何度でも新鮮に驚くことができて、飽きることなく最後まで飲むことができそうだよ。

繰り返す季節も繰り返す飲酒も、やっぱり基本の付き合い方は一緒だね。**日々の変化、新鮮な驚きがどれだけあるか**がエンジョイの秘訣。私も常に新しいものを提供して、世の中に飽きられないよう楽しませていきたいものだよ。

2　ずんだ餅をモチーフとしたキャラクター「ずんだもん」の口調をパロったもの。ずんだもんは東北地方の応援キャラクター「東北ずん子」の関連キャラで、元はプリキュアの妖精めいた見た目だったが、後に擬人化、さらに音声合成ソフト化も果たす。男の子とも女の子とも解釈できる見た目も相まって（さまざまな意味で）、界隈にて一大ブームを引き起こした。

3　ツイッターを中心に有名なネットミーム「今まで読んでいたエロマンガは？」より。宮下あきらによる日本の漫画『魁!!男塾』のワンシーンをセリフだけ改変したもの。主にエロい漫画を貼るときに使用され、男女がいい感じになりまさにこれから何かがおっ始まろうというタイミングでいきなりこのコラ画像を貼り寸止めで終わらせる、というのが定番の流れ。

PALEALE

〝身体にいい〟ビール!? つまみよりおかずが欲しい満足感のあるペールエール

酒を適量飲む人は、まったく飲まない人より寿命が長い傾向にあると統計的にも示唆されている。「酒は百薬の長」とは事実なのだ……って昔は言われてたのよ。

ところがどっこい、ここ数年で「飲酒は少量でも普通に寿命を縮める」ことを示唆する論文が出てるらしいのね。なんでも「病気で酒をまったく飲めない人」を統計から外したら、普通に飲酒量と寿命に負の相関があったんだとか。

そりゃそうよね。身体に悪いなんてわかってるのよ我々酒クズも。でもそれ以上にシラフで生きるのは無理だから飲んどるわけ……と言いつつ、そこまでキッパリ割り切れないのも人の心。ゆえに酒を飲む言い訳を常に探してるわけ。めでたいからとか薬だからとかね。

そんな免罪符を探している諸君にいい話がある。石川県は能美《のみ》郡にある、わくわく手づくりファーム川北。ここがやってるわくわくブルワリーは、**身体にいいビール**をウリのひとつにしてるんだって。ビール酵母や地元産の麦にはビタミンとか葉酸、アミノ酸なんかが含まれてるし、

石川県

わくわくブルワリー
金沢百万石ビール
ペールエール

DATA
アルコール度数：5.0%
容量：350ml（330ml 瓶あり）
原材料：麦芽（国内製造）、ホップ
製造：農業法人有限会社わくわく手づくりファーム川北
能美郡川北町字橘新イ 54-1（本社）
https://wkwkfarm.com/

ハクノの味覚パラメータ

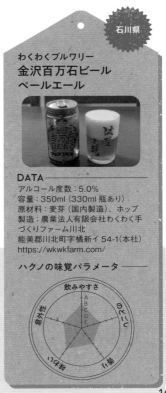

ホップには女性ホルモンを補う機能もある。飲んで健康になれるなんて、こりゃ飲むしかねぇな、ワハハ。[1]

とにかくここの「金沢百万石ビール」、今回はペールエールを頂きましょう。滅びよ人類！

……つ、つまみじゃなくて、おかずが食べたい。

あんまりペールペールエールしてないな、ってのは正直はじめに感じたかもしれないね。やっぱクラフトビール界隈におけるこのジャンルって、ホップの香りが広がりますよ的な部分がウリになってるイメージない？　よなよなエールなんかはそっち系だから印象として引っ張られるのかな。

ただ香り系じゃない分、普段クラフトビールを飲み慣れていない人[2]には、むしろ「ちょいクセのあるうまいビール」として理解しやすいんじゃないかな。**麦由来の甘みとか香り**に関しては非常にボリューミーに感じられて、液体飲んでるはずなのにお腹いっぱいになりそうなというか、**栄養価高そうな満足感ある**んだよね。そこにちょっとした酸味だとか穏やかな苦みだとか、普段飲むビールとは違う質の味がするのも気づけると思う。

このボリューミーさはアレだな、主食だな。ものすごく一緒に食べ物がほしくなる飲み心地なんだけど、それは「おつまみ食べたいな」というより「おかず食べたいな」って気持ちなんだよね。**コレ飲んで、ガッツリ食べて、そのまま気絶したい**。今湧き出してるのはつまりそういう欲求なわけ。

これはもう、ほぼパンか米だからね。パンとか米食って身体に悪いことないし、むしろ摂らなきゃ体調崩すまでありますからね、こりゃ飲むしかねぇな、ワハハ。[3]

1　みなまで言うな。わかってますから。

2　この本を手に取ってくれたみなさんの中で、特に「今酒ハクノのファンだから買ったよ」という方には多いかもしれない。

3　みなまで言うな。わかってますから。

PALEALE

メンバーは奇抜なのにその味わいは堅実!? ビールらしさ光る職人芸

女の子がバンド組むアニメが定期的に流行してるし、「ぼっちちゃんとリョウさんの楽器って何が違うの?」[1] みたいな子は今少ないのかな。ギターとベースとドラム、そんでときどきキーボードがいたりする。ってのがロックバンドの基本形だよね。

ただ基本があれば例外もある。たとえば「アポカリプティカ」はチェロ三名とドラム一名だけのバンドだし、「ヴァン・カント」なんか、ボーカル六名とドラム一名だけのアカペラバンドときてる。横山剣のバンドに匹敵するクレイジーさ[2]だね。

なんて驚いてたら、実は山形県にも**とんでもねぇメンバー編成のブルワリー**があった。それが長井ブルワリークラフトマン。ここの運営メンバーは、五名中四名が自動車整備・土木関係の方、あと一名は芸術家の方なんだって。ビール以外をクラフトしてそうなメンツだけど、そこからいったいどんなビールが出てくるんだろう。

というわけで、ここのペールエール「ひょう」を——これ降る方? 狩る方? あっ違うの?

山形県

長井ブルワリークラフトマン
ひょう

DATA
アルコール度数:5.0%　容量:330ml
原材料:麦芽（イギリス製造）、ひょう［スベリヒユ］（山形県産）、ホップ
（夏の仕込み時のみ自家栽培品も使用）
製造:合同会社萩志会クラフトマン
長井市泉 677-11
https://nagai-brewery.co.jp/

ハクノの味覚パラメータ

1　ぼっちとリョウはいずれも、はまじあきによる四コマ漫画『ぼっち・ざ・ろっく!』の登場人物（二〇二二年にアニメ化）。ふたりは同じバンドのメンバーで、担当楽器はぼっちがギター、リョウがベース。ベースはフォルムが限りなくギターに近く、またボーカルやギターに比べ目立たない場合が多いため、音楽にまったく興味のない人から「ベースって何?」「ギターと何が違うの?」と言われがちな楽器であった。

「ひょう」っていう山形の野草が副原料なんだ。これが味にどう影響してるのか、確かめさせていただきましょう。滅びよ人類！

……イカれてない。なんて真っ当な飲み物が出てくるんだ。

味全体として最も印象に残るのは、やっぱ**苦みの質がかなり独特**だってとこかなぁ。たとえばＩＰＡみたいな強い苦みとはまた違う、尖ってるわけじゃないんだけど横に広がるような、足元のガッシリした苦み。これが味の中央に存在するなと思う。これがひょう由来の味なのかな？　で、その苦みに支えられるようにして麦の香りやうま味が漂って、それと同時に気づくか気づかないかくらいで若干の酸味も感じるかも。

いや、とんでもなく奇をてらったような味じゃないってのが逆に意外だよ私は。でけぇ窓から光入れりゃいいと思って本が傷むことまったく考えてないデザイナーズ図書館[3]みたいな感じで、アートの心がありすぎる人が別ジャンル攻めるパターンって、本当に申し訳ないけど事故るイメージあるんだよね。そのいきすぎた攻めっ気を、このビールからはまったく感じない。むしろこの苦み、麦らしいうまさ、そういった「ビールといえばこういう要素欲しいよな」ってポイントをジャストで攻めてるこの味は、ガッツリした食い物とも相性いいだろうし、**ビールとしての堅実な仕事をやってるな**って感心しちゃったよ。

やっぱアレだな、自動車や土木作業ってのは、国を支えてるモノだもんね。このブルワリーの運営メンバーの方々は、ビールを彩るアーティストであるのと同時に、地道にいいものをお届けしようっていう職人だってことなのかもしれない。思わず一度**深々とお辞儀をしちゃいたくなる味**だったね。

2　歌手・横山剣のバンドといえば十一名（二〇二三年一月現在）からなるクレイジーケンバンドである。

3　直射日光に長時間当たりすぎると紫外線で本は劣化してしまうものだが、センスの尖った建築家が新築のオシャレな図書館に壁一面のデカ窓を取り付けてしまい炎上するという流れは、インターネット上でしばしば見られる。ただし、ガラス自体をＵＶカット仕様にするなど工夫がある場合もあるため、窓がデカすぎるというだけで批判するのは考えものであろう。

名古屋らしからぬ？ 繊細な香りと味わい 余韻も快適でストレス解消

AMERICAN PALEALE

福

岡ってメシはうまいんだけど、観光資源が乏しくてさ。知り合いが「福岡旅行してぇ」って言ってたらいったん止めるもんね、「嬉しいけどさ、ウチ、メシしかないよ？」って。そこに「修羅の国」[1]イメージも加わってんのかね、ある調査で福岡は「行きたくない街」ランキング第三位に入ったことがあるらしい。誠に遺憾である。

じゃあこのランキング、一位はどこだったの？　って話なんだけど。これがなんと愛知は名古屋らしいね。マジ？　名古屋っつったら**TOKONA[2]を生んだ伝説の地**でしょ。まぁ生んだのは横浜市だし育てたのは常滑市か。

にしたって、そんな魅力ないか名古屋？　昔バイトしてた店の社員も「名古屋に転勤になった……」ってマジ凹んでたんだけど、私ぁむしろ一度行ってみたいよ同じ地方都市として。モーニングに代表されるようなサービス精神もイケてるし、みそかつとか手羽先とか、酒と一緒に楽しめそうなコテッとメシもあるし。そして当然……クラフトビールもあるからね。

愛知県

Y.MARKET BREWING
パープルスカイペールエール

DATA
アルコール度数：5.5%
容量：370ml
原材料：麦芽（アメリカ、イギリス製造）、ホップ（アメリカ産）
製造：株式会社ワイマーケット
名古屋市西区木前町 64
https://craftbeer.nagoya/

ハクノの味覚パラメータ

1　「暴力団が抗争を繰り広げている」「犯罪率が高い」といったイメージがネットで拡散された結果、福岡はしばしば「修羅の国」としてイジられている。別に福岡全土が治安最悪なわけではないのだが、ある程度客観的事実に基づくディスであるため強くは否定しづらい。

2　伝説的日本語ラッパー、TOKONA-X。生まれは横浜だが、中学からは愛知県常滑市で育つ。代表曲に「知らその中でもまさに名古屋レペゼンと言えるのが、名駅のブルワリー、ワイマーケットブルーイング。今回はこちらのペールエール「パープルスカイペールエール」を頂いてみよう。滅びよ人類！

……淡い！　こんな繊細さ名古屋のイメージじゃなくね!?　いやこの感想ディスってるっぽいかな。そんなつもりはないんだけど。

まず口に含んだ瞬間、**オレンジの皮をもうちょい上品にしたような香り**が口中に、そして鼻に向けてフワッと広がっていく。この時点でもう、コメダ[3]みてぇなパワー系のイメージはまったくなくなっちゃったな。

そしてこの、ビール自体のサッパリしていることよ。おでんもうどんもオドン[4]も、名古屋っぽいメシってどれも味噌で濃厚なイメージがあるから、それに匹敵する飲みごたえある飲み口かと思ったらとんでもない。水のようにサラッと流れて、わずかに麦らしい香りと共に喉の奥へと消えていく。そこへホロッと、あまり出すぎない程度に苦みが添えられ、柑橘の残り香が余韻として流れ続ける……。**飲みながら出てくる感想の全部が繊細**なのよ。

名前に「スカイ」って入ってるとおり、こりゃもう目の前にクソ蒸し暑い日の空しか浮かんでこないね、紫色かはちょっとわかんないんだけど。そういう日に冷えたコイツがあったら、一缶くらい一気にゴクゴク飲んじゃって、広がる余韻の中で**ストレスからもほんわり解放されそう**だよ。

いや、やっぱイメージだけでモノを語るのはよくないね。本書いて飲んどるだけでええだろうなんてことはないな、一度訪問すべきだ名古屋は。ニューヨークと名古屋だったら名古屋行きたいまであるかもしれない。代わりに名古屋の人もぜひ福岡に来てほしいね。イメージと全然違う

……違うかなぁ、わが故郷を振り返ってちょっと怪しくなってきたわ。

ざあ言って聞かせや SHOW」「NEW YORK NEW YORK」「WHO ARE U?」など。名古屋弁での力強いラップで知られ、後の日本語ラップに大きな影響を与えた。二六歳の若さでこの世を去る。

3　名古屋発祥の全国チェーン喫茶店、コメダ珈琲店。シロノワールやカツパンなどが有名だが、サービス精神が旺盛すぎてメニュー写真からは想像できないクソデカ商品を提供してくれる初見殺し店としても有名。

4　アクションRPGゲーム「Bloodborne」に登場する謎多き「上位者」のうちの一体「姿なきオドン」。なお、おでんとうどんが混ざって「おどん」と言ってしまうのは、現在は解散したコントユニット・ラーメンズの「日本語学校アフリカ編」が元ネタ。いずれも別に名古屋とは関係ない。

PALEALE

一〇〇年の時を超え復活！日本のビール黎明期を知る老舗酒造が送る一本

起業した会社が三年もつ割合は約五〇％だって聞いたことがある。なんなら、デビューしたVTuberが一年もつ割合もまた約五〇％なんだとか[1]。気合いさえありゃ続けられるモンじゃなし、どこも大変よな。

一九九〇年代から始まった地ビールブームのときもそうだったみたいだね。流行に乗って始めたはいいけど世間の熱が冷めちゃって、閉業せざるを得なくなったブルワリーがいっぱいある。九〇年代から続くブルワリーを見たら生き残りと思わないとね[2]。

なんて言ってたら、それどころじゃない。九〇年代よりさらに前、**明治時代に起きたマジの第一次地ビールブーム**。それを経験した生き残りがいる。それが東京都の石川酒造。ここはそもそも江戸時代から続く酒蔵なんだけど、明治の一時期だけビール造りを経験してるんだって。

ここのペールエール、明治期のラベルを再現しているという「多摩の恵　明治復刻地ビール　JAPAN BEER」。果たして現代にも通用する味なのか、FF2のアルテマ[3]みたいな例もあるからな。

東京都

石川酒造
多摩の恵 明治復刻地ビール JAPAN BEER

DATA
アルコール度数：5.5%
容量：500ml（330ml瓶あり）
原材料：麦芽（イギリス、ドイツ製造）、ホップ
製造：石川酒造株式会社
福生市熊川1
https://www.tamajiman.co.jp/

ハクノの味覚パラメータ

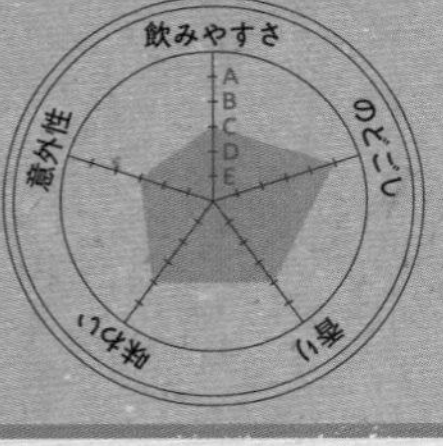

1　VTuber・夜枕ギリー氏による統計では、二〇一八年八月にデビューしたVTuber三〇〇人のうち、一年以内に活動休止・引退したものは一六一名と半分を超えている。

2　野田サトルによる少年漫画『ゴールデンカムイ』土方歳三のセリフが元ネタ。五稜郭での箱館戦争を生き延び四〇年もの間姿を消していた土方は、自分と永倉新八を老人だとナメて接してきた男を切り確かめてみよう、滅びよ人類！

……よかった、強いタイプの古代パワーだ！

ペールエールとしてしっかり濃厚だねこれは。口に含んだ瞬間、麦らしい豊かな甘さと香りがドッと加減なくぶつかってくる。**こんな初速がえげつないことある？** このスピードはもうほぼサンズ[4]やんけ。

そしてこれをグイと流し込んでいくにつれ、ガツンとくる苦み、そしてどこか野性みを感じる酸味と表現したらいいのかな、麦らしいうま味。これが同時に襲ってくる。飲み終わった後の口内にもこの余韻がしっかりと爪痕を残し続けて、どこまでも印象深い。味に香りに重量感に飲みごたえ、エールビールとして上げられるパラメーター全部上げているようなパワー系のビールだね。

ここでおもしろいのがこの酸味とか苦みの部分で、こいつがこのビールを単体で完結させないのよ。ペールエールにもいろいろあるし、リラックスタイムにゆったり飲みたい単体完結型のビールも多いんだけど、**こいつは間違いなく食中にブチ込みたくなる。** 揚げ物とかでも合うだろうけど、油っ気じゃなくて肉なんだよな、身体が求めてくるのは。濃い～味のソースで構成された、ハンバーグとか中華の肉料理とか、そういったものと合わせたとき、個性と個性のぶつかり合いでビッグバンを起こせるんじゃないかなと感じるよ。

いや、さすがに当時そのままのビールじゃないんだろうけど、明治時代にこのレベルのビールが溢れていたとしたなら、**失われたのはあまりにも大きな損失**だよ。こうしちゃおられん、明治にタイムスリップする方法誰か知らない？ そしたら向こうでビールの味レビューしてこっちに戻ってから新刊出すわ。

捨て、このセリフを放った。

3 ゲーム「ファイナルファンタジーII」に登場する古代の伝説魔法アルテマは、入手の手間に対し弱すぎることで有名。これはプログラマーが勝手にそう設定したらしく、「技術的に劣る昔の『伝説』など、現代からしたら大したことない。そして、苦労して手に入れたものがつまらないものであるのもまた人生だ」というのが理由。しかも彼は、データを暗号化して本人以外いじれなくしていたそうで、結局直せないまま販売するしかなかったという。

4 RPGゲーム「Undertale」に登場するキャラクター。ギャグ好きで適当な性格の骸骨なのだが、プレイヤーの選択次第では彼と敵対することになる。その際に放ってくる一撃目があまりにも初見殺しであることはゲーマー界隈で有名。

今酒コソコソ
噂話

滅びよ人類って何なの？

ハクノ流乾杯の挨拶、それが「滅びよ人類」。ほら、酒飲むときってそこそこの確率でストレス抱えてるでしょ。だから「私を苦しめる社会、滅茶苦茶になれ！」とストレス発散的な意味でこの挨拶を使ってくれる人が多いね。

コレ、そもそもは私と妹が乾杯するときに使ってた挨拶でさ。だいぶエゴが尖ってた若い我々は、人類と人生に深い絶望を抱いてたわけよ。そんなときふたりはこの言葉を唱えながら酒を飲み、人の愚かさについて語り明かしてたわけだ。

でも実際さ、生きるってキツくね？　仕事とか病気とか人間関係とか、ヤなことばっかじゃん。期待値的に絶対オリだよ、こんな幸福と苦痛のバランス悪いギャンブル。なんかもうさ、我々で末代にして次世代にこの苦しみを引き継がせないってのはどうよ？　いやどうよじゃないが。

とにかくみんなも酒を飲むときは、ぜひ人類を滅ぼしてみてくれたまえ。酒と同じで現状を解決してくれはしないけど、ちょっとスカッとするかも。居酒屋やクラブ、コンカフェなんかでもどんどん使ってくれよな。

この挨拶のせいで
潰れた案件も
あるんだよな…

IPA（アイ・ピー・エー）

「インディアペールエール」の略で、通好みな強い苦みが特徴的だね。苦みの秘密は大量に使用されたホップで、昔イギリスが植民地のインドにビールを運ぶ際、防腐剤として大量投入したのが始まりなんだとか。その分ホップの香りがしっかりと感じられて、そこが愛好家の多い理由だね。最近は製法も細分化されてて、アルコール度数低めの「セッションIPA」、苦さ控えめの「ヘイジーIPA」（ニューイングランドIPA）、ホップをより使った「インペリアルIPA」（ダブルIPA、エクストラIPA）なんかもあるよ。

NEW ENGLAND IPA

社会人のゼロ・ウェイスト朝イチに摂取すれば目覚めスッキリ!?

私のようなだらしない酒飲みは、放っておくとすぐ家の中がゴミだらけになって処理に困ってしまうものだけど。その対極に存在するのが、徳島県上勝町《かみかつちょう》が日本で初めて行ったという「ゼロ・ウェイスト宣言」じゃないかと思う。

環境のためリサイクルを頑張るのは当然としても、人間のゴミ処理能力には限界がある。つまり「そもそも無駄や浪費を減らし、ゴミを出さない生活」を目指していこう、というのがゼロ・ウェイストの考え方らしい。これを徹底したことにより、上勝町のリサイクル率は八〇%にも達したのだとか。すごいな、〈目星〉とか〈聞き耳〉[1]もそれくらいもっていきたいね。

そのゼロ・ウェイストの思想に基づき、徳島県上勝町を拠点に活動を行っているブルワリーこそ、RISE & WIN Brewing Co.だ。リデュース・リユース・リサイクルを徹底し、醸造の過程でどうしても出るモルトのカスをたい肥に再活用。ビールを造りながらも、循環型社会の一員として活動をしているわけだ。社会の一員になりそこねてこういう稼業をやっている私のような者は、**正直見**

1　アメリカ発のテーブルトークRPG「クトゥルフ神話TRPG」の技能。ちなみに成功率八〇%あろうと外すときは外す。

徳島県

RISE & WIN Brewing Co.

カミカツ
モーニングサマー

DATA

アルコール度数：5.0%　容量：330ml
原材料：麦芽（ドイツ製造）、蕎麦（カナダ産）、ホップ（アメリカ、ニュージーランド産）、柚香果汁（徳島県産）※一部に小麦を含む
製造：株式会社スペック
勝浦郡上勝町生実東戸越 84-1
https://kamikatz.jp/

ハクノの味覚パラメータ

習うべきまであるかもしれん。

というわけで、そんなブルワリーで生まれたニューイングランドIPA「カミカツ　モーニングサマー」を頂くことにしよう。滅びよ人類！

……これは、**朝一発目に飲むのにいい**かもしれないな[2]。

ニューイングランドIPAは、IPA特有の苦みを抑えたビールだとはいうものの、このビールからはまぁまぁ程度に苦みを感じる。特に後味にはじわりとくるね。

とはいえ、それ以外の部分が「そういうビアカクテルか？」と思うくらい飲みやすいんだよね。その秘密はやっぱり、このビールに使われている副原料、「柚香《ゆこう》」にあるんじゃあないかと思う。

柚香っていうのは柑橘類の一種で、上勝町をはじめとした徳島県が全生産量の九九％を誇る、流通量の非常に少ない「幻の果実」らしい。下手すると一生出会わないことすらあるかもしれないこの激レアさん[3]が使用されていることにより、柑橘らしい爽やかな酸味、甘み、そういったものが**味にしっかりプラス**されている。

こうなると、はじめに言及したIPAっぽい苦みもかえって柑橘ドリンクとしての説得力が出るまでである。ライムとかもそうだけど、柑橘ってある程度苦みがあるものだし。その一部ですよと説明されたら「そうかな……そうかも……」[4]とわりと納得してしまうんじゃないかな。

朝起きたときとりあえずコレ飲めば、結構一日のロケットスタート切れるんじゃないかと思うんだよね。**果汁と苦みでスッキリ**目が覚めるし。あと、若干酒入ってるくらいの方が人生上手く回る[5]ってマッツ・ミケルセンが言ってたし。みんないったん起床と同時にコレ飲むことにしない？　たぶん世の中ちょっとだけ平和になるよ。ダメかな、ダメだろうな……。

2　朝一発目に飲むとよいものランキング最下位まであるだろ酒は。

3　テレビ朝日で放送のバラエティ番組「激レアさんを連れてきた。」より。

4　佐々木倫子による少女漫画『動物のお医者さん』に登場する、主人公が飼うシベリアンハスキー「チョビ」のセリフより。

5　お酒にまつわるコメディドラマ映画（って世間では言われてるらしいけどマジか？）『アナザーラウンド』のセリフより。主演のマッツ・ミケルセンは、朝から酒を飲むという〝実験〟を行う高校教師マーティンを演じている。

WHEAT IPA

強烈なホップとアルコール しかし口当たりまろやかな 繰り返し飲みたいＩＰＡ

アニメの聖地巡礼ってみんな行ったことある？ ガルパンの大洗《おおあらい》[1]みたいな感じで、実在の地域を舞台にした作品を観て、実際にそこを訪ねるってヤツ。最近だとウマ娘[2]見て府中に行って、そのままリアル競馬にハマった人とかは多いかもね。

そのウマ娘のアニメを作ったピーエーワークスって会社。ここはウマ娘以外にも実在の土地をモデルにしたアニメにしばしば携わってて。有名なのだと「Ａｎｏｔｈｅｒ」[3]は富山県、つまりこのピーエーワークスの所在地を舞台にしてるんだって。

そんなピーエーワークスと同じ富山県南砺《なんと》市にあるブルワリー、それが城端《じょうはな》麦酒。二〇〇一年からビールを造っておられるそうだから、Ａｎｏｔｈｅｒの聖地巡礼した人はひょっとしたら立ち寄ったことがあるかもしれないね。

というわけで今回は、ここのウィートＩＰＡ——つまり小麦を使用したＩＰＡだね——輝Ｗ７に挑戦しよう。ちなみにこれは「かがやきウィートセブン」って読むんだって。ウォーターセブン[4]

富山県

城端麦酒

輝W7

DATA

アルコール度数：7.0%　容量：350ml
原材料：大麦麦芽（ドイツ、イギリス製造）、小麦麦芽（ドイツ製造）、ホップ（アメリカ産）、茶葉（富山県産）
製造：城端麦酒有限会社
南砺市立野原東688
https://www.jo-beer.com/

ハクノの味覚パラメータ

1　二〇一二～一三年放送のアニメ「ガールズ＆パンツァー」の主人公たちは、巨大な船の上に築かれた海上都市で暮らす設定だが、その母港は茨城県大洗町。多くのファンが大洗を訪れ、地域おこしにつながったことで知られる。

2　実在の競走馬を擬人化した美少女「ウマ娘」を育成するゲーム「ウマ娘プリティーダービー」。ゲームのリリース前、二〇一八年にアニメ一期が放送された。

かと思った。小麦の使用で味がどう変化してるのか、私にもわかるかな。滅びよ人類！

……ロリババア[5]の師匠キャラ⁉

「小麦が入ってるってことは優しい味なのかな」なんて想像してたんだけど。ナメてたね。**強力なホップの苦み**が、口に含んでから飲み込んだ後まで、大きな軸としてデンと存在してる。

しかもなんだか飲み口がシッカリしてるなと思ったら、アルコール度数が通常のビールより高い七%！　二〇二〇年代入ってからは缶チューハイ業界でも流行の度数よね。特にビールの場合、度数高くしすぎるとだいたいキツさが勝つけど、七は高度数感と飲みやすさを両立できるギリギリの攻め方で好感もてるよ。

そんで当然、ただ苦いだけの飲み物じゃないね。むしろ苦さの中にしっかりとアロマ漂う、王道のつくりだと言ってもいい。**爽やかな柑橘をイメージさせる軽やかな味と香り**は、なんだか口の中をスッキリさせてくれるような気さえする。

これらのパワフルな要素が、しかし「飲みやすい」と思えるラインで摂取できるのは、やっぱ小麦のおかげだと思うんだよね。たとえば二郎系は、圧倒的しょっぱさをアブラのまろやかさで緩和することで、えげつないパンチなのにガンガン食える味を実現してるでしょ。このビールにおける小麦も一緒で、強烈なホップと度数を、しかし口当たりまろやかに飲める形でお出ししてくるのよ。

見た目で幼い娘と油断したら数百年を生きる怪物で、しかし成り行きから主人公を鍛えてくれることになった。長命種らしい冷酷な性格だ、**Anotherなら月に百回死んでた……**なんて感じていたら、ふと見せる弟子を想う気持ち……ばばあの優しさだ[6]！　そんな連想をしてしまう、ぜひ繰り返し飲みたいビールだったね。

3　綾辻行人による小説。二〇一二年にアニメ化。怪現象が数年おきに起こる中学校を舞台とした物語。あっけない理由で登場人物が次々死亡する展開に衝撃を受けた視聴者が、他アニメで似たシチュエーションが登場するたび「Anotherなら死んでた」とコメント。この言葉はネットで流行語となった。

4　尾田栄一郎による少年漫画『ONE PIECE』に登場する、造船業が盛んな「水の都」と呼ばれる都市。ここを舞台とした一連のストーリーは「ウォーターセブン編」（W7編）と呼ばれ人気が高い。

5　美少女キャラにしばしば付与される属性のひとつで、外見は幼いが実は長命で数百年以上生きているというもの。

6　吉本興業所属のお笑いコンビ・シソンヌのコント「ばばあの罠」より。

SESSION IPA

地元産のホップを使った心にしみる穏やかなビール辛いときほど手に取りたい

演劇でも音楽でも小説でも動画でも何でもいいんだけどさ。どれだけ作品の出来がよかろうが、貧困も病気も戦争も自然災害も止められんじゃん。じゃあ私たちがしてることって何の意味があんの？　って、特に二〇一一年以降、真剣にクリエーションに向き合ったアーティストほどその問いにぶち当たったと思うんよね。

ま、悩んだところで弥勒菩薩になれるわけじゃないし、すべてを独りで救うことは映司君にも無理だった[1]わけだから、私は**自分を酒そのものだと思うことにしたよ**。飲んだからって人生上向きにはならんのだけど、後ろ向きなのは多少マシになるじゃん。だから私は酒を造っている人をリスペクトしてる。私と志を同じくしたクリエイターだからね[2]。

福島県は田村市にあるホップガーデンブルワリーも、そうした偉大なクリエーションをする醸造所のひとつ。一時避難区域となって休眠していた公共施設を改修し、二〇一五年からビール造りを続けているらしい。しかもここ、ホップを自家栽培してんだよ。日本のブルワリーは数あれど、こ

福島県

ホップガーデンブルワリー

Hopjapan IPA

DATA

アルコール度数：4.5%　容量：330ml
原材料：麦芽（イギリス製造）、ホップ（国内産、アメリカ産）
製造：株式会社ホップジャパン
田村市都路町岩井沢北向185-6
グリーンパーク都路内
https://hopjapan.com/

ハクノの味覚パラメータ

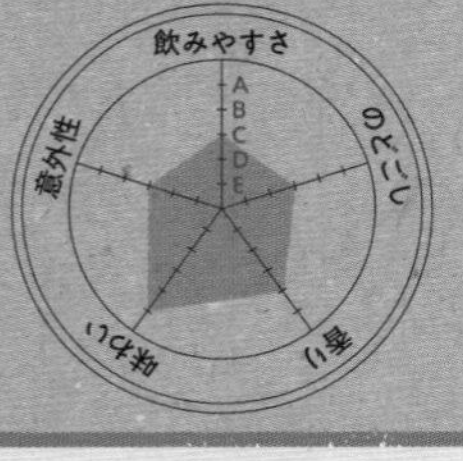

1　二〇一〇～一一年放送の特撮テレビドラマ「仮面ライダーオーズ／ＯＯＯ」の主人公、火野映司を指す。一見無欲で人助けを厭わない好青年だが、過去のトラウマから「すべての人を救いたい」という大きすぎる欲望をもっていた。彼のその望みが物語終盤の重要なポイントとなっている。

2　私が動画やこの本で酒の味をあーだこーだ言うのも、志を共にするクリエイター同士だし忌憚なき意見を述べた

こまでやってんのは珍しい。なんなら通販で追いホップが買えるからね。ないよ私はホップ追ったことなんて。では、この作品、「ホップジャパンＩＰＡ」を今回は頂くとしよう。滅びよ人類！[3]

……ああ、静かなんだけど、しっかりと心をもってるビールだなぁ。

このビールはＩＰＡの中でもセッションＩＰＡ、つまり苦みを抑えて飲みやすくしたＩＰＡのジャンルなんだけど。これは言うほど苦みゼロって感じではない。飲み始めてから後味まで、ホロッとした**穏やかな苦みが通奏低音的に流れていく。**個人的にはＩＰＡは苦い方が好きだから、これはナイスなラインを攻めてると思うね。

で、穏やかなのは苦みだけじゃないね。このビールのもつすべてが、まるで旅先の旅館で流れる時間みたいにの～んびりと流れてる。ホップの味や香り、ほんのりとしたジューシーさがまるで柑橘みたいだなと感じるけど、これも鮮烈にブッ刺さるって感じじゃなくて、**田園風景めいてじんわり心にしみ込んでくる**。同時にうっすら漂う麦の香りや味わいも、なんだか優しいなと思わされるね。

なんだろう、特別押しが強いヤツってぇのは、このホップジャパンＩＰＡという名のチームには誰もいないんだよね。でもわかるのよ、構成メンバー全員がいいヤツ、誠実なヤツなんだってのはさ。ビリー・ジョエルも誠実な奴ってのはなかなかいないって言ってた[4]と思うんだけど、自分本位でない、穏やかでかつ芯がある、誠実にこっちと向き合ってくれる奴ってぇのは、ひょっとしたら創作の世界か、もしくはこうやって**酒の世界にしかいないのかも**しれないね。

パワーに満ちた酒ってわけじゃないんだけど、構成要素のすべてが確かに心に訴えかけてくる。人生に傷ついたときは側にいてほしいビールかもね。

いからだよ。本当に。まぁ性格が悪いからってのも半分あるけど。

3　これだけはわかってほしいが、筆者は別に疫病の蔓延や自然災害で人類に滅んでほしくはない。なるべく多くの人類が理不尽を受けることなく幸せに生を全うしてほしいし、それはそれとして種としては滅びてほしいだけである。

4　ビリー・ジョエルはアメリカのシンガーソングライター。代表曲のひとつである「オネスティ」は、誠実な人間と巡り合うことの難しさ、それでも人を信じたいと思っている複雑な心を歌い上げた名曲である。

HAZY IPA

ないなら自分で造ればいい"ビール嫌い"のための優しさ溢れる一杯

この本を手に取ってくれた方の多くは、ビールが好きか私含むVTuberが好きか、あるいはネットで調子乗ってる奴の粗探しが好き[1]かのどれかなんだろうと思う。今回は仮にビールが好きだという前提で話を進めるんだけど。あなたと暮らすパートナーが、なんと「ビール嫌い」だったとしたら、あなたはどうする？

なぜ嫌いなのか徹底的に問い詰め、ビールの魅力を語る？　たぶんドン引きされるね。飲みやすいビールやビアカクテルをしこたま用意して飲んでもらう？　悪くないけど、押しつけすぎないように注意。放っといて自分だけビールを楽しむ？　個人的にはわりとアリ。ただ同じもの楽しめないのは寂しいかもね。

この問いに対して、ひとりの男性がこう結論づけた。「じゃあ、そんなパートナーでも飲めるビールを**自分が造ればいい**んだ」と。で、高知県は香美《かみ》市にあるブルワリー、高知カンパーニュブルワリーが生まれたってわけ。[2]

高知県

高知カンパーニュブルワリー

ありがとさこ（HappyIPA 3rd edition）

DATA

アルコール度数:5.5%　容量:330ml
原材料：麦芽（ドイツ製造）、小麦、ホップ、大麦、土佐文旦（高知県産）
製造：合同会社高知カンパーニュブルワリー
香美市香北町橋川野 584 番
https://tosaco-brewing.com/

ハクノの味覚パラメータ

1　このパターンの人は、たぶんこの本をビールの本じゃなくて「ウォーリーをさがせ！」だと思って読んでいる。まぁ、どんな理由であれ本が売れてくれるのはありがたい。

2　ユーザー同士で画像の大喜利を行うサイト「ボケて」の殿堂入り投稿より。お題の画像は、不敵な笑みを浮かべて座る赤ん坊の写真。それに対する「で、俺が産まれたってわけ」という回答がウケ、後にネットミーム化した。

そんな行動力の化身[3]が始めたとしか思えないこの醸造所は、柑橘や米といった地元の名産品を副原料に用い、ビールが苦手な女子でも飲みやすいようなビールを造り続けているんだって。あ、私〝女子〟にも「ビール嫌い」にも当てはまらないけどここのビール飲んでいいよね？

というわけでヘイジーIPA「ありがとさこ」[4]を飲んでみよう。滅びよ人類！

――ウオッ、結構複雑な文脈の「ありがとう」を感じるなこれ。

口に含んでみて驚くのは、どこか口当たりに優しさがあるのに、押しつけがましくはないことだね。これこそヘイジーIPAの特徴である「にごり」に関係すると思うんだけど。この「にごり」の部分が**どこか全体をまろやかにしてる**んだよね。それは当然いいことなんだけど、これもやり過ぎると良くないじゃん、愛情が重いばかりに過干渉になっちゃう親みたいな感じで。そこの塩梅がちょうどいいのよ。今考えるとあれは愛情だったんだな、という匂わせ程度に抑えてある、押しつけがましくないサラッと飲める優しさ。これがいいトコだね。

そして同時に味わえるのが、**ジューシーさと香り**ね。どうやら土佐ブンタンを使ってあるらしくて、最初はわかりやすく「あっ柑橘だ！」って感じなんだけど、その後ろからホップがバーッと追いかけてくる。それにワッと驚いたところで、最後に舌にはじわーっとくるIPAらしい苦みが残っていくわけだ。

この味や香り、そして苦みは、人生における感謝のそれと一緒かもね。どんな人間関係もそうだけど、基本嬉しい楽しいことばっかじゃないでしょ。恨むことや失望することもたくさんあるわけで。でも売り上げから経費マイナスしても**黒字だから感謝**するわけだ。そういった単にきれいごとじゃない、いろいろを踏み越えたうえでの謝意を感じられたかな。

3　大川ぶくぶによる四コマ漫画『ポプテピピック』の登場人物、ピピ美のセリフより。親友のポプ子がミュージックビデオを作ったことに対する賞賛の言葉。なお内容があまりにもすさまじかったため、ピピ美はこのビデオを今すぐ焼き捨てるよう頼んだ。

4　このブルワリーでは「おめでとさこ」というビールも販売しているが、名前が違うだけで中身は同じ。だれかへのプレゼントとして想定されているビールなので、込めたい気持ちによって適切な方を選ぼう。

IPA

ブームを超え文化に……大和魂に訴えかけるこうじの真価！

私って昔から、ちょっとずつ流行に間に合わない生活送ってるんだよね。VTuberブームに乗っかるのも若干遅かったし、シュクメルリが爆売れしてた時期は胃の病気でニンニク食えなかったし、タピオカドリンクはこないだ初めて飲んだ。

あと乗っかり損ねたといえば、塩こうじよ。あの頃森羅万象あらゆるものがこうじだこうじだって騒いでた記憶あるんだけど、私はこうじって神浜[1]の方しかわかんないし、なんならキンプリもまだ観てないんだよな。

ただ、旬を逃したから全部が全部絶対ダメってんじゃないじゃん。ERONE[2]が言ってたように、**いいモンってブームが終わっても文化として残る**のよ。食べるラー油なんか私ブーム終わってからの方が食ってるし、チーズタッカルビもどのタイミングで食ってもそれなりにうまいもんね。こうじだって今どこでも売ってるし、やっぱ発酵食品だし、熟成された今こそが旬でしょ。

というわけで、そのこうじを前面に押し出したクラフトビールを飲んでみよう。滋賀県・近江麦

滋賀県

近江麦酒
糀エール

DATA
アルコール度数：5.5%　容量：330ml
原材料：麦芽（イギリス、ドイツ製造）、米こうじ（国内産）、えん麦（リトアニア産）、ホップ（アメリカ産）
製造：近江麦酒株式会社
大津市本堅田 3-24-37
https://omibeer.jp/

ハクノの味覚パラメータ

1　アーケードゲームを原作とするテレビアニメ「プリティーリズム・レインボーライブ」およびそのスピンオフ作品「KING OF PRISM」（キンプリ）の登場人物、神浜コウジ。とある理由で心に傷を負い公での表現活動から手を引いていたのだが、主人公・彩瀬なるの粘り強い交渉により楽曲提供をすることになり、それをきっかけに己の深いトラウマと向き合い再起していくこととなる。

酒のエース的商品、その名も「糀《こうじ》エール」。文化的な味なのか確かめさせてもらいましょう。滅びよ人類！

……心が安らぐ……!?　なんだこの奇妙な感想は。

このビール、分類上IPAはIPAでもニューイングランドIPAってのに近いから、**苦みは全然と言っていいくらいない**んだよね。むしろ飲み口にはジューシーさがあって、甘酸っぱい果汁が入ってるかのような味わい。これは飲みやすいなと感じるよ。

なんて考えてた次の瞬間。IPA飲んでるときはあまり感じることがない、麦由来とは異なる謎の香ばしさがフワッと広がるんだよね。スタウトとかポーターとか、ああいう焙煎した香りとは質が違う。切なくも懐かしき、日本人の魂に訴えかけるこの調べは……米だ、米を思い出す！　これが米こうじの力か！　そしてこれを飲み込むと、ほんのりとした甘さ、そしてしっかりしたうま味がじわーっと後味として残る。**米を噛みまくったときに出るあの感覚**がビールで再現されてんだよな。

いや、こんな飲みやすくて心が安らぐビールあるかね？　米を使ってるビールといえば、それこそアサヒスーパードライだって米入ってるんだけど、ここまでうま味が前面には出てないよ。しかもジューシーだし甘いのにスッキリしてるから、食べ物とも合わせやすい。米と一緒に食えないおかずなんかある？　そういうことなのよ。

これはもう、**文化的な味だと認めざるを得ない**[3]でしょう。この味があればギリシャ神話になって銀河鉄道でハリウッドに行って星座になることすら可能だと思うね。優しい味の魚料理とかとぜひ頂きたいものだよ。

2　日本のラッパーで、ヒップホップグループ・韻踏合組合のメンバー。フィーチャリングで参加した楽曲「インファイト」にて、ラップブームが落ち着いた先でラップは文化と化し、ブームであれ文化であれビートに乗り続けるのだという意思を表明している。

3　映画「KING OF PRISM」シリーズは、応援上映が活発で内容がぶっ飛んだ作品として注目を浴び、フジテレビの報道番組「めざましテレビ」でも取り上げられた。その際見どころとして紹介されたのが「ギリシャ神話になって銀河鉄道でハリウッドに行って星座になる」シーンである。本当にそういうシーンとしか言いようがないのだが、その説明の理解不能さからインターネットで大いに話題となった。

完全にハクノ仕様
ニンニク狂いが認めた
舌に残りすぎるくささ！

私ってかなり優柔不断で、みんなでメシ食いに行ったときも最後まで食うモン決まらないタイプなんだよね。優柔不断の「優」っていう字は「やさしい」って書くって東城[1]も言ってたから、これも良し悪しだなとは思ってんだけど。

五円と五〇〇〇兆円[2]、どっちがほしい？ みたいな答えが明確な問いなら、そりゃ私だって一瞬よ。でもメニューとか人間関係とか遠い将来のこととか、そういう白黒ハッキリつけづらい、答えのない問いはそうもいかんというかさ。みんなどうやって決断してんの？

と、そんな白黒つけられない私にピッタリなビールが、広島県にあった。それが、安《あ》芸《き》乃《の》国《くに》酒造のＩＰＡ「吉水園《よしみずえん》」。このビールには白と黒の二種類があって、それぞれ副原料として白ニンニクと黒ニンニクが使っ――ニンニク!? **なぜこのビールを早く私に教えなかった！** 酒クズを売りにしてんのかニンニクジャンキーを売りにしてんのかわからんと言われているほど動画でニンニクを摂取しているこのハクノに！

広島県

安芸乃国酒造
吉水園（白大蒜《にんにく》 IPA）

DATA
アルコール度数：6.0%　容量：330ml
原材料：麦芽（イギリス製造）、オーツ麦（カナダ産）、大蒜（広島県安芸太田町産）、ホップ（ニュージーランド産）
製造：安芸乃国酒造株式会社
山県郡安芸太田町大字上殿 616-1
https://akinokunisyuzou.com/

ハクノの味覚パラメータ

1　河下水希によるラブコメ漫画『いちご１００％』より。主人公が「いちごパンツの女子」に一目惚れしてしまったことに端を発する複雑な恋愛模様を描いた作品。東城綾はメインヒロインのひとり。

2　イラストレーターのケースワベ氏が二〇一六年に投稿し、後にネットミームと化した「５０００兆円欲しい！」という文言が元ネタ。なお、「一万年寝た」「五億デシベルで叫んだ」など、数字を理不白ニンニクか黒ニンニクか。うーむ、悩むなぁ……。[3]　よし！　今回は白い方を頂きましょう。滅びよ人類！

……う～ん？　あっ、いや、くせぇ！[4]　**あとからじわじわとくせぇ！**

正直刻み生ニンニク入れたみたいなアタックの刺激とかを想像すると、ギャップでガッカリするかもしれない。飲んだ瞬間は、けっこう苦いＩＰＡだなという印象が先にくるんだよね。ＩＰＡって基本的にはそういうモンなんだけど、ホップをいっぱい使ったハッキリとした苦みが、飲んだ瞬間から終わりまで、舌に植えつけられるように強く感じられる。

で、その代わりに香りがすごく華やかで……ってのがＩＰＡの王道パターンなんじゃないかと思うわけね。確かにそういう、甘みとか果実的な香りとか、まったく感じないわけじゃなくて。でも違うのよ、それ以上に、くせぇのよ！　口に含んでから数秒かけて、ニンニクのくせぇ部分がブワッと花開きはじめて、飲み込んでも口内にしっかり残る。いや残りすぎてるまであるな。**ビール跡地にコイツだけ立ち続けてる**のよ。

いや、この残り方はねぇ、餃子とかのそれなのよ。アレってさ、後からニンニクをマシマシにしてるわけじゃなくて、タネの段階ですでに入れておくものじゃん。その結果、食った瞬間ニンニク臭いぞってわけじゃないんだけど、うま味とか後味にしっかり影響してて、いつの間にかマスク必須の口臭にされちゃうっていう。あの感じとまったくもって同じなんだよね。**ビール飲んでこの感想出ることとある？**

かなりのクセありビールであるのは間違いないね。私はおもしろいと思うし、ニンニク好きには絶対に勧めたい。じゃあ万人にオススメできるかは……うーむ、悩むなぁ……。[5]

尽に盛って申告するのは、古くからネットユーザーが好むユーモアである。

3　この間五～一〇分程度経過していると思ってくれてよい。それくらいいつも筆者は注文に迷っている。

4　筆者は「ニンニクは臭えば臭うほどよい」という信念で生きているため、これは褒めている文脈となる。

5　この間五～一〇分経過していると思ってくれてよい。

IPA

甘々パインじゃない⁉ 王道的IPAの裏側から満を持して主役登場！

インターネットで生きていく方法って主に二通りあると思うんだけど。まったく己を曲げないストロングスタイルをとるのがひとつ。もうひとつが、コンテンツを出す場所によってウケるやり方に合わせる方法ね。

ただ、前者で生きるってか〜なり難しくて。本人がすでにインターネットとなっていて[1]何をしても伸びる状態であることがほとんどだと思う。

常識にあらがう心は大事として、何事も基本的には現地の風土に合わせるべきなんだよね。世界企業**マクドナルドですら日本じゃてりやきバーガー作ってんだから**、YouTubeで食いたきゃクソデカ文字サムネ[2]を作るべきだし、動画タイトルは目を引くワードを最初にもってくる[3]べきなわけよ。

風土に合わせてるといえば、沖縄県のブルワリー、石垣島ビール工房アゲインスト ザ グレインもそうみたいだね。アメリカの同名企業と業務提携する形で運営してるブルワリーらしいんだけど、

沖縄県

石垣島ビール工房アゲインスト ザ グレイン

石垣島 パインアップルエール

DATA

アルコール度数:6.0%　容量:330ml
原材料:麦芽（ドイツ製造）、沖縄県産パイナップル果汁、ホップ（ドイツ、アメリカ産）、酵母　※一部に小麦を含む
製造：石垣島ビール工房株式会社
石垣市字大川2-730 COURT南館2F
https://atg-ishigaki.jp/

ハクノの味覚パラメータ

1　プライベートを含む人生そのものをネットを介しおもしろコンテンツとし提供し続けることにより、人間としての自己とコンテンツとしての自己の境界があいまいになった人物を指し、「インターネットになった」と表現することがある。

2　YouTubeのサムネイルとは、ホーム画面や動画検索した際に一覧で表示される小さな画像のこと。太いフォントに派手な色のデカ文

アメリカの味をごり押しするんじゃなくて、現在は地元石垣島の風土に合ったビールを自社工場で醸造してるんだって。

今回はその中でも特に人気な「石垣島パインアップルエール」を頂こう。滅びよ人類！

……いや嘘でしょ、パインは!?

名前に「パインアップル」って入ってるわけだからさ、果汁みたっぷりって感じのフルーツビール的な味わいを想像するじゃん。本当に違った。ほとんど甘くない、むしろ**苦みのしっかりした王道的IPA**だよ。

飲んだ瞬間まず感じるのは、意外とアッサリした飲み口なんだなってこと。水は言いすぎだけど液体に軽みがあって、ツルッと口の中へ入ってきた。そこからドンと苦みがくるんだから、まったく不意打ち的な一撃よね。

でも驚くのは、その裏側に奇妙な優しさを感じること。小麦的な軽やかな香りと、口当たりのどこかマイルドな感じ。単に苦いビールかと思ったらそうでもないんだなぁ、と納得し始めたところで、**ようやくパイン登場！**　そこにフワッと彩りを添えるのよ。「あっ！」と思ったらそれは消えていて、あとは苦味が残るのみ。名前に「パインアップル」って入れててパインがこんな「満を持して」って感じで出ることある？　ソウ・レガシー[4]のトビン・ベルやん。

いや、日本に合わせたパターンかと思ったら**思いっきりストロングスタイルだった**な。これ、「ビールって苦いし嫌いだけどパイン味なら飲めるかも～」って試してみた人ひっくり返ったんじゃないの？　これはネタバレありで飲んだ方がいいね。そういうものだとわかって飲む分にはそこそこおいしい、ブルワリー名のとおり常識にあらがったビールだったと思うよ。


字が載っていることが多く「ダサい」と揶揄されることもあるが、小さな画像で視聴者の興味を引けるよう独自進化した結果である。

3　YouTubeにおいて長い動画タイトルは後半部が省略して表示されるため、前半部、可能なら文頭に最も目を引く単語を置くべきであるとされる。

4　二〇一七年公開のホラー映画「ジグソウ：ソウ・レガシー」。かつて世間を騒がせたシリアルキラー、ジグソウと同じ手口の殺人鬼が再び現れるという筋書きで、トビン・ベル演じるジグソウが再登場するのかどうかに注目が集まっていた。

今酒コソコソ噂話

クラフトビールとは、何か

タイトルに「クラフトビール」って入ってる本でこんな話するのもおかしな話なんだけど。ハクノが表紙に載ってるから買ってくれた未成年のマジ初学者とかもいるかもしれんし、一応無難な定義をさらっとくね。

クラフトビールってのは、大手４社……つまりアサヒ、キリン、サッポロ、サントリーだな、ここの量産されたビールと対になる形で使われる言葉。つまり、小規模な醸造所で職人がこだわって造ったビール、って感じかな。VTuberでたとえるなら、大手事務所に所属してないVTuberを「個人勢」と呼ぶのと似た感じだね。

小規模なブルワリーのいいトコは何かってぇと、別に売れ線狙いをやらなくていい点ね。職人が納得いくビールにこだわってるから、より高品質な原材料、より挑戦的な副原料、より変わったジャンル……いろんなことに、スーツ着た大人を説得しまくらなくてもチャレンジしやすいわけ。当然売れなきゃキツいのは一緒だけどね。

大手のビールに苦手意識がある人も、クラフトビールでより多様な世界に触れてみれば、また感想が変わるかもしれんよ。

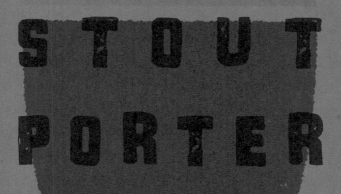

STOUT PORTER

スタウト・ポーター

日本のクラフトビール業界は、スタウトやポーターで世界的評価をもらいがちなんだよね。どちらも焙煎した麦芽を使用したエール系黒ビールを指す言葉で、コーヒーとかチョコとかを思い出す独特の香ばしさや苦みが特徴的だよ。ロンドンの荷運び人に愛されていたからポーターって名付けられたみたいで、それの度数を強めようってんで生まれたのが「強い」という意味のスタウトなんだって。

STOUT

自販機での販売希望！朝のコーヒーのようにグイッといける飲み口

大阪って土地は、私にとって青森と並んで人生で一度はきちんと巡礼すべき〝聖地〟なんだよね。お笑いと食い倒れの地であるのは言うまでもないけど、SHINGO★西成や韻踏合組合、梅田サイファー[1]が生まれ育った土地でもある。

他人との会話が苦手だった私[2]が多少トークできるようになったのは、間違いなく大阪で活躍する芸人のみなさんを真似したおかげだし。「一網打尽」[3]や「合法的トビ方ノススメ」[4]がなければ、私は日本語ラップをやろうと決心しなかったと思う。**必ず何かお返しせねばならん地**だよね。

そんな大阪府は箕面市に存在するブルワリーこそ、その名も偉大な「箕面ブリュワリー」。

……ごめんみんな、「箕面」のこと一発で「みのお」って読めた？　私は「読めないけど検索すれば分かるやろ――いやそもそも『箕』ってなんて読むの!?」と二分くらいつまずいたよ。ライバーは漢字が読めない。大学は出たけれど。[5]

ともかくこのブルワリーのラインナップの中でも多数の受賞歴を誇るビール「箕面ビール　スタ

大阪府

箕面ブリュワリー

箕面ビール スタウト

DATA

アルコール度数：5.5%
容量：330ml
原材料：麦芽（イギリス製造）、大麦（ドイツ産）、ホップ（イギリス産）
製造：エイ.ジェイ.アイ.ビア株式会社
箕面市牧落 3-19-11
https://www.minoh-beer.jp/

ハクノの味覚パラメータ

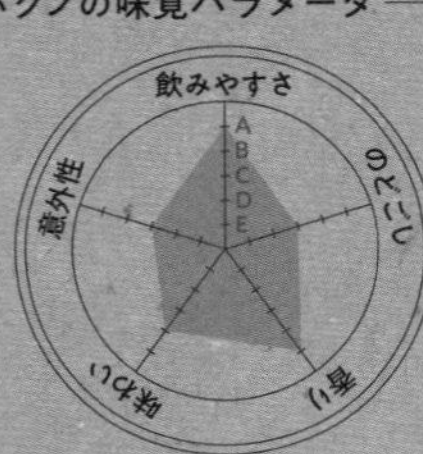

1　いずれも大阪出身のラッパー。

2　今もだよ。

3　韻踏合組合が二〇一四年にリリースした『NOW』に収録された楽曲。同年には、NORIKIYO、SHINGO★西成、MC漢をフィーチャリングラッパーとして迎え、シングルとしてリミックス版をリリースした。

4　R-指定とDJ松永によ

ウト」を頂きたいと思います。滅びよ人類！

――うお、ボトル缶に詰めて自販機で売ってくんないかなコレ！

スタウトらしいしっかりとした香ばしさがあるのは、まぁ当然じゃあるよね。私はあんまりコーヒー飲まないんだけど、こういう**焙煎された香りは大好き**だよ。ここがかなり前面に出ているのが嬉しいポイント。

で、コーヒーを引き合いに出したけど、別に苦みも強いってわけじゃないんだよね。むしろ「苦みと認識できるギリの範囲で存在する」って具合。普段みんなが飲むピルスナーのそれとは質が全然違って、飲み込んでひと息おいたあたりで舌にじわ～っと広がるわけ。

何よりこれらの味や香りが、全然〝**気取ってなく**〟**存在してるのがいい**んだよね。クラフトビールって聞くと、なんか高くてそれなりの気持ちで向き合わなきゃならんかのように構えちゃう人もいると思うんだけど。このビールはしっかりした香ばしさ、じわっとくる苦み、そういった特徴を備えながらも、朝イチでコレがあってもたぶんスッと飲める、とんでもない身体への馴染み感があるんだよね。

いやいや、**出勤前に毎日飲みたいよこれは**。[6] 自販機でコレが売ってたらさ、朝バスに並んでるときとかにグイッといけるじゃん。そしたらこのロースト香で出勤前にリラックスできて、なおかつ苦みがちょっと気を引き締めてくれるわけ。でももともとが麦だからビターチョコの甘さくらいには甘い部分もあるし、ブラックコーヒーとか苦手な人も微糖感覚で飲めると思うんだよね。

というわけでどうでしょう、箕面ブリュワリーさん！　ボトル缶スタウト全国展開で、日本のサラリーマンを応援するというのは！　……本当に何言ってんだ私は。疲れてんのかな。

るヒップホップ・ユニット「Creepy Nuts」が二〇一六年にリリースした『たりないふたり』に収録された楽曲。ちなみにこのアルバムタイトルは、お笑い芸人の山里亮太と若林正恭によるユニット「たりないふたり」へのオマージュとなっている。

5　小津安二郎監督による一九二九年公開の映画「大学は出たけれど」より。

6　筆者はYouTuberになる前、当時の仕事があまりに嫌すぎて出勤前にチューハイを飲んでから出勤していたことがある。

MILK STOUT

苦みを抑えた甘めスタウト 飲みやすさ抜群で ビール初心者にオススメ

ビールって苦手だなぁ、って最初飲んだとき思わなかった？　苦いしね。

安心してほしいんだけど、記録上はじめてビール飲んだ日本人もそう感じたんだって。一七二四年に記された『和蘭問答』って本によると、オランダ人からもらったビールに対する日本人の第一印象は「まっっず！　何の味わいもないやん！」[1]だったらしい。

ただやっぱ、江戸も終わりになると日本人もその魅力に気づいてきたみたい。現在の島根県は松江藩もどうやらそうらしくて、幕末にはすでに国内初のビール醸造所へ出資していた[2]っていうんだから驚きだよね。**最初に推し始めた奴だけが後から古参名乗れる**からな。ＶＴｕｂｅｒと一緒よねそこは。

そんな島根県松江市でビール造りを続けているのが、島根ビール株式会社。ここの定番といえば「松江ビアへるん」シリーズらしい。「へるん」っていえば松江の有名人、明治の文豪・小泉八雲先生の愛称だよね。妖怪の話で有名な。

島根県

松江ビアへるん醸造所

松江ビアへるん 縁結麦酒スタウト

DATA

アルコール度数：5.5%　容量：300ml

原材料：麦芽（ドイツ、イギリス製造）、乳糖、オーツ麦、ホップ（ドイツ産）

製造：島根ビール株式会社

松江市黒田町 509-1

http://www.shimane-beer.co.jp/

ハクノの味覚パラメータ

1　『和蘭問答』の筆者である、オランダ語通詞（通訳兼商務官）の今村市兵衛・名村五兵衛というふたりによる感想。マジで「殊の外悪しき物」「何のあぢはひも御座無」と書いてある。人からもらったモンにそこまで言うかね。

2　戊辰戦争の年、つまり一八六八年～一八六九年（明治元年～二年）までを「幕末」と呼ぶ場合が多いらしい。松江藩も出資した日本初のビール醸造所「ジャパン・ヨコハよし、妖怪に対抗して、VTuber界では「酔う怪」[3]と呼ばれているこの私が、ここの黒ビール「松江ビアへるん　縁結麦酒《えんむすびーる》スタウト」を頂きましょう。滅びよ人類！

――あっっま！　めっちゃ味わいがあるやん！

スタウトっていうと比較的苦くないことをウリにしてる場合も多いけど。コイツは**苦くないを通り越してちょっと甘い**まであるな。

口当たりもマイルドで、苦みがあるとしたらマジで一ミリくらい。それを包むようにして、押しつけがましいほどではない、どこか優しさを感じる甘さが味の中心に存在してる。しかもその香りは、スタウト特有の焙煎された麦芽の深みと広がりをもつそれよ。

こりゃもうビールというより、よく冷えた炭酸のチョコレート飲料じゃあないか？　苦みがゼロではないあたりがかえってそれっぽいわ。それくらい**口にしやすいお酒**だと思いますよ私は。

私にもし今、唐突に時をさかのぼる力が宿ったら、いったん江戸時代に戻るね。んで、**『和蘭問答』の筆者にコレ飲んでもらおう**。絶対ビールの第一印象変わるし、下手すると江戸時代から日本でビール醸造始まるでしょ。

だってやっぱ悔しくない？　自分の好きなモンをさ、他の誰かが布教の仕方ミスったせいで嫌いになられちゃうパターン。いるんだよなぁ、通ぶりたいがためにあえて初心者向けじゃないモノを初心者にぶつけてさ、そのリアクション見ながら内輪でゲラゲラ笑うみたいなの。あーいうオタクが一番よくねぇよ。界隈を盛り上げたいなら、やっぱ初心者目線で丁寧に道を敷いていかなきゃ。

比較的初心者へ勧めやすいとされるスタウト界隈でも、しっかりオススメしていいお酒かもなと感じたね。これはビール沼との縁結びにも良さそうだよ。

マ・ブルワリー」が開設されたのは一八六九年。幕末と呼ぶには結構ギリかも……？

3　は？

ROBUST PORTER

新潟から世界へ！大手に負けない意志を宿す舌にガツンとくるポーター

政治家の麻生太郎さんっているじゃん。あの人、私の出身県である福岡の飯塚市ってとこ出身なんだけど。あの人の一族は麻生グループってのをやってて、建設とか医療とか教育とかいろんなジャンルの会社を経営してるのね。私は筑後地方[1]の人間だからあんまり意識したことないけど、特に筑豊[2]の人にとっては地元の名士といえるんじゃないかな。

そういう地元を盛り上げた人ってのは、当然ながら新潟県にもいて。五十嵐家っていうのがそうらしくて、いわゆる豪農だったんだけど、農業の指導を行ったり銀行をつくったりして地域を支えたんだって。

そんな五十嵐さんのお屋敷は、現在「五十嵐邸ガーデン」として会席料理のまぁまぁ高級なお店になってるみたいなんだけど。なんとこの敷地でビールまで造ってるらしいんだよね。それが新潟県は阿賀野市にある、瓢湖《ひょうこ》屋《や》敷《しき》の杜《もり》ブルワリー。

この醸造所では、スワンレイクビールっていう**バレエみたいに優雅な名前のビール**を造って

新潟県

瓢湖屋敷の杜ブルワリー

スワンレイクビール ポーター

DATA

アルコール度数：6.0%
容量：330ml
原材料：麦芽（イギリス、ドイツ製造）、ホップ（アメリカ産）
製造：株式会社天朝閣
阿賀野市金屋 345-1
https://www.swanlake.co.jp/

ハクノの味覚パラメータ

1　福岡県は「福岡」「北九州」「筑豊」「筑後」の四つに分けられるが、県の南部に位置する久留米市や柳川市、大牟田市などを指して「筑後」という。ちなみに指定暴力団の本部が複数あり、地域によってはまあまあ治安が悪い。

2　福岡県の中央あたりに位置する飯塚市、直方市、田川市などをを指して「筑豊」という。ちなみに指定暴力団の本部があり、他の三地方が「筑豊はマジで怖いからな……」

るんだって。その中でもポーターは、日本のビールメーカーで初めてワールドビアカップ[3]の金賞を獲得した実績があるんだとか。すごくない？　アサヒだキリンだサッポロだサントリーだ、みたいな大手メーカーならわかるけども、いち地方のブルワリーがよ？　本当にそんなにうまいのか、頂きましょう。滅びよ人類！

――ビックリした！　めっちゃ**正面から一撃のパンチ**だったわ。

正直、香りは他の黒ビールに一歩譲ると思うんだよね。この章で取り上げてる他の黒ビールはスタウトだからなのかな、ブワッと広がるローストした香りが強くて。分類上ポーターにあたるこのビールにもそれはあるけど、そこまで強力には感じられんかもしれない。

その分どこに力が入ってるかというと、やはり味の濃厚さよ。香ばしさが上にさほど広がらない分、**舌の上にギュッと濃縮**されているというか。ニンジャスレイヤーフロムアニメイション[4]があえて音声をモノラルにしたことに発想としては近いかな。ドカンとくる甘さ、舌の上で無類の強さを発揮する香ばしさ、口当たりのまろやかさ。そしてこれをゴクリと飲み込むと、わずかな余韻とともにじわじわっと焦がれた苦みが残る。

なんだか勇気が出てくるな。VTuberも結局今は大きな事務所に所属して成功した子が一番儲かるし、そこで活躍するために個人勢から転生する子もおるわけよね。それが悪いとかじゃないけどさ、「企業がゴールで個人は通過点かい！」って、**一矢報いてやりたい**気持ちはあるわけよ。

その点このビールは、大手四社に先んじて世界に認められるおいしいビールを造ったわけだ。この根性を、地元背負って世界と戦う意志を忘れてはならないと強く感じたね。あっでも、その意志を刃に変えるには、まず地元の名士にならなきゃならんのか。険しい道のりだな……。

となる程度に治安が悪い。

3　「ビールのオリンピック」とも呼ばれる、世界最大級のビール品評会。一九九六年から二年に一度開催され、二〇二二年大会では五七か国から二四九三ものブルワリーがエントリーした。このポーターは二〇〇〇年に受賞したが、同年には常陸野ネストビールのホワイトエール、那須高原ビールのスタウトも金賞を獲得している。

4　ブラッドレー・ボンド&フィリップ・ニンジャ・モーゼズによるとされる小説『ニンジャスレイヤー』のアニメ化作品。躍動感のあるアニメーションとFLASHアニメのような省エネ作画を交互に繰り出す作風で賛否両論を巻き起こした。いったんステレオ音声で完成したアニメを「よりパワフルに聞こえるから」という理由でモノラル出力しているのも特徴。

OYSTER STOUT

意外すぎる好コンビ瀬戸内海で獲れた牡蠣がビールの味わいを全力援護

かって『バクマン。』[1]が言語化したように、良いコンテンツの条件って〝邪道な王道〟だと思うんだよね。

本当に一から十まで世間が理解できないものを作ると、それはあんまり世に届かず終わるわけよ。骨子は王道、多くの人が好むものでできてるんだけど、そこに独自色を、可能なら**見た人が思わずギョッとするような要素**が入ってる。これがポイントなわけ。

クラフトビール界にもそういうのあるのかな……なんて素人考えしてたら、あったわ。とんでもねぇ副原料入ったビールが。それが岡山県の離島、六島《むしま》にある六島浜醸造所のビール「北木島《きたぎしま》[2]オイスタースタウト」。オイスターってアレよね？　牡蠣《かき》よね？　私も好きだけどハイドロポンプの命中率くらいノロが命中するでお馴染み[3]の牡蠣よね？　が、ビールに入ってんの？

大悟のあんまり打ち合わせせずに出すボケみたいなビールやん……って思ってたら、これが案外突飛な組み合わせでもないらしいんだよね。牡蠣を副原料としたスタウトは二〇世紀前半にはすで

岡山県

六島浜醸造所

北木島オイスタースタウト

DATA

アルコール度数：5.0%　容量：330ml

原材料：麦芽（ドイツ製造）、ホップ（チェコ産）、牡蠣（岡山県北木島産）

製造：竹ノ実麦酒計画　六島浜醸造所

笠岡市六島 6153

https://mushimahamajo.amebaownd.com/

ハクノの味覚パラメータ

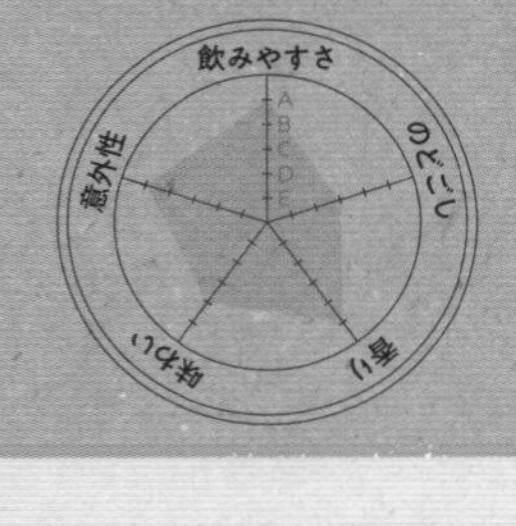

1　大場つぐみ原作、小畑健作画による少年漫画。ふたりの少年が原作・作画としてコンビを組み、週刊少年ジャンプでの漫画連載、アニメ化を目指す物語。

2　なお北木島は、吉本興業所属のお笑いコンビ・千鳥の大悟の出身地として有名。

3　筆者は本当に牡蠣が好きなのだが、その半生において幾度も牡蠣でノロウイルスに感染している。なお「ポケモン」シリーズの技「ハイドロポ

にイギリスで飲まれてたらしい。二〇〇〇年代にはアメリカでも注目されたんだって。しょ、正気か!?

正直怖さが勝ってるけど、コレにビビっててYouTuberも名乗れんよな……思い切ってチャレンジさせていただこう、滅びよ人類！

――ん？　えっ、あっ！　徐々に牡蠣がくる！

察しがいい人なら、もう「飲もうかな」とグラスを構えた瞬間から違いに気づくと思うんだよね。まろっと優しくて広がりのある、飲酒欲というよりも**食欲が刺激されるこの香り**。おもしろい漫画読んでるときに近いな。何かが起きそうなコマでページが終わり、ドキドキしながら次をめくるあの感覚。

これを実際に口に含んでみると、意外と香りブワァ～ではないんだよね。スタウトらしいロースト感、ちょっとの苦みとちょっとの甘さが、まぁ舌では感じられるよね、ってくらい。ここで終わってたら並みのスタウト。ここからが本当のデモンズソウルだ。[4]

まぁこんなもんか、ってひと息ついたときにそれは起こる。追いかけてくるのよ。これまでビールからは味わったことのない、でもどこかで知っている。このトロッとして高級感のあるまろやかさ。そんで明らかにビールのコクとは違う、舌先から奥までじんわりと残るこの存在感あるうま味。そして舌に引っかかるこのミネラル感。**全部や、牡蠣の殻まで全部やこれは！**

なんでこれがビールの味をまったく邪魔しないどころか、**綺麗に援護射撃に回れてる**の？　牡蠣という意外性が悪目立ちで終わってない、スタウトの王道を舗装するためきちんと使われてる。これはもう、アニメ化じゃゃ。そんでサイコーは美保と結婚せい。[5]

ンプ」は、威力が高い代わりに命中率は八〇%。威力はそれなりだが命中率が一〇〇%の「なみのり」とどちらを採用すべきかの議論は後に公式により「ハイドロなみのり問題」と名づけられた。

4　アクションRPGゲーム「デモンズソウル」に登場するフレーズで、プレイヤーが他のプレイヤーへ送ることができる、地面に書き残すメッセージのひとつ。ボスを倒した後などにホッとしながら地面のメッセージを調べるとしばしばこの言葉が現れ、戦いはまだまだこれからだという ことに気づかされる。

5　『バクマン。』の主人公のひとり、作画担当の真城最高(愛称サイコー)は、声優を目指す同級生のヒロイン・亜豆美保と「自分たちの作品がアニメ化したら結婚する」と約束していた。

IMPERIAL STOUT

もはやスイーツ!? ビール〟が〟栗を引き立てる超個性派の激甘スタウト

私ってせっかちだから、とにかくすぐ結果がほしいんだよね。だから直飲み《RTD》可能な缶の酒ばっか飲むし、すぐ食えないから自炊は滅多にしないし、ダイエットも勉強も時間かかるから続いたことないし、現世利益がないから宗教もあんまり熱心に信じてない。

だけどまぁ、何かを完成させるって本来ある程度〝待ち〟が必要なんよね。私もデビューしてから注目されるまでボチボチ時間かかったし、頭じゃわかってんだけどさぁ。頭でわかってることが全部実行に移せるならコメント欄の指示厨[1]は全員プレデター[2]よ。

さて、そんな**せっかちなハクノの対極に位置するクラフトビール**が、東国原さん[3]がどげんかしてたでお馴染み宮崎県にあった。それが宮崎ひでじビールのスタウト「栗黒」。

このビールはなんと「長期間の瓶内熟成可能」を謳ってて、五か月以上寝かせてから飲むとよりうまいらしいんだよね……五か月!? 私は月刊誌すらもどかしくて読めないんだぞ!?

今回は我がスタンド[4]「キング・クリムゾン[5]」を使って時を消し去り、熟成期間がすでに五か月を

宮崎県

宮崎ひでじビール

栗黒 KURI KURO Dark Chestnut Ale

DATA

アルコール度数：9.0%　容量：330ml
原材料：麦芽（イギリス製造）、ホップ（ドイツ、チェコ産）、酵母、和栗（宮崎県産）、糖類、香料
製造：宮崎ひでじビール株式会社
延岡市むかばき町 747-58
https://hideji-beer.jp/

ハクノの味覚パラメータ

1　ゲーム配信者に対して（上から目線で）プレイ内容を指示するコメントを書き込む視聴者の蔑称。

2　世界的に人気のFPSゲーム「Apex Legends」において、ランクポイントが上位七五〇位以内のプレイヤーに与えられる称号。なおこれが転じ、実力が伴わないにも関わらず態度だけはまるでプレデターかのように振る舞う指示厨を「コメデター」ということもある。

超えたものを飲ませていただくことにしよう。滅びよ人類！

——は!?　何やこれ、飲むモンブランやん！

この本を書く中でいろんなビールを飲ませていただいたけど、ひと口飲んだだけで脳みそがビックリして目覚めたのはこれが初めてだよ。甘ッ！

確かに他のスタウトにも、チョコレートみたいに甘いものはあるよ？　その限度を超えてんだよ、**ビールとして甘いとかコクがあるとか苦いとかそういうレベルじゃない**、ケーキのモンブランの味すんだよ！

口に入れて最初に感じるのは、圧倒的な栗。宮崎県産の栗が副原料として使われてるから、これは当然なんだけど。同時に、まるでバニラが入ってるみたいにほろ苦く甘い香りがして、クリームみたくまろやかで。本来なら秋のスタバかケーキ屋でしか買えない味なのよ。

何が起きてるかというと、たぶん栗のパワーが強すぎるあまり、主従逆転シチュ[6]が起きとるのよね。スタウトが本来もつ甘さや苦さ、まろやかさが、全部栗を目立たせるために使われてる。すげぇよ、**ビールってこんなルール無用の飲み物だったのか。**麦芽とかホップとかで勝負しなきゃいけないっていうこっちの思い込みがあったね。

ひと口飲むだけなら絶対うまいビールなんだけど、これ、一〇年早く出会いたかったなぁ～！　あの頃の私だったらカルーアミルクとか甘い酒もガポガポいけたんだけどさ。今はねぇ、強い甘みに胃の方が耐えられなくなっちゃってんのよ。己の脆弱な内臓が情けなさすぎる。スイーツが大好きな女子、無論男性諸君、およびどっちでもない子、私の代わりに早くこれを飲んでみてほしい。**未体験の甘さが脳をぶん殴ってくる**こと請け合いだね。

3　かつてそのまんま東の芸名でタレント活動をしていた東国原英夫は、二〇〇七年から二〇一一年まで宮崎県知事を務めた。所信表明演説にて放った「宮崎をどげんかせんといかん」というパンチラインは、二〇〇七年の流行語大賞となっている。

4　漫画『ジョジョの奇妙な冒険』に登場する超能力のこと。（第四部以降は）洋楽のバンド、楽曲、アルバムなどから名づけられることが多い。

5　十数秒後の未来を予知したうえまるで動画のスキップボタンを押したかのようにその時間を「消し去る」能力。

6　上司と部下、主人と奴隷など上下関係にあるふたりが、何らかの理由でその立場を逆転させるシチュエーション。これに伴い、〝攻め〟と〝受け〟が逆になることが多い。

STOUT

やっぱり優秀だった クラフトビール国内第1号 相反する要素を両立させる

誰も名前聞いたことないような社員三人の事務所でライバーをやってくれ。月×万で頼む。[1]って誘いをウチの身内が受けてたら、私はブン殴ってでも止める。でも、それで始まった事務所がここまで大きくなったのは――たまたま配信の天才が応募してきたからというのはあるにせよ――やっぱ業界の先行者だったからってのもデカいと思うのね。

靴磨きの少年が株の話を始めたら暴落する[2]って話があるでしょ。本当にチャンスをモノにできるのは、**流れを敏感に察知して最初に乗っかった奴だけ**なわけ。ちなみに私は乗り遅れ組。

二〇一八年二月、遅くとも三月にはＶＴｕｂｅｒを始めるべきだったと思う。

じゃ、クラフトビールの二〇一八年二月はいつだったか？　答えは一九九四年。この年に何が起きたかというと、法律改正によって中小企業でもビールが造れるようになったんだね。これを知っていち早くビール醸造免許を取得し、一九九五年に国内初のクラフトビール醸造所兼パブをつくったのが、現在のエチゴビールってわけ。

新潟県

エチゴビール
スタウト

DATA
アルコール度数：7.0%
容量：350ml
原材料：大麦麦芽（フランス製造）、小麦麦芽、ホップ
製造：エチゴビール株式会社
新潟市西蒲区松山2
https://echigobeer.com/

ハクノの味覚パラメータ

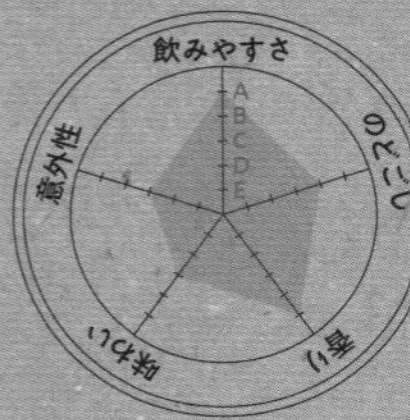

1　株式会社いちから（現Anycolor）が最初のライバー募集で実際に提示したという条件。もともと同社は「にじさんじ」という自社のライブ配信アプリを宣伝するために公式ライバーを雇ったようだ。誤算はその中に怪物が紛れ込んでいたこと、Ｖ市場が予想外にデカくなったことであり、これにより同社はライバー事務所に方針転換した。

2　ケネディ大統領の父親の実体験を元にしたという格言。

近所のスーパーでも扱ってるようなレベルのクラフトビールを、今さら私があーだこーだ言うってのはアレじゃあるけど。私も別に逆張りオタク[3]ではないので、ここは素直にエチゴビールのスタウトを頂こう。滅びよ人類！

……うわ！　飲みやすいし深いな！

この本で紹介したスタウトの中には甘みが強いものも多かったと思うんだけど、このビールは香ばしさの方に比重が置かれているかなという印象があるね。

焙煎された麦芽の香りが、口に含むとでっかく広がる。そこ由来のホロッとした苦みが舌に残る。カカオっぽいというか、一時期流行ったカカオの割合が高いチョコに似た、決して飲みにくさには寄与しない苦みだね。そこにおいしいコーヒー飲んだときみたいなチロッと出てくる酸味も加わって、表情の多彩さに驚かされちゃうかもしれないね。

そんでやっぱ驚くのが、飲み口のバランスの良さかな。スタウトに求めるようなまったりとして滑らかな部分もあるんだけど、**同時にどこか、ちょっと刺激的**でもあるよね。特に舌先がピリピリとするこの感覚、この刺激が飲みごたえにすごく貢献してると思うよ。刺激とまったりってわりと相反しがちな要素だから、ここを同時に味わえるのはもう、ほぼフレイザード[4]だね。

いや、軽く言ったけれども、ふたつの良さを同時にもつのって超ムズいもんだよ。V業界でもそうでさ。芸としてのおもしろさとアイドルとしての魅力。動画の完成度の高さとライバーとしての瞬発力。この辺同時にもってる人物ってのはかなり限られてくるもんね。もってない方は何したら得られるんだろうな、レクター博士みたいに**売れっ子Vの脳をつまみに**このビール飲んだらええんか？[5]

投資の知識に乏しい者でさえ知っている儲け話はすでに一般に広まり過ぎており、稼げなくなる日も近いという意味。

3　いわゆる「天邪鬼」のインターネット的言い換え。流行作品をあえて無視したりケチをつけたりしないと気が済まない面倒なオタクを指す。

4　漫画『ドラゴンクエスト ダイの大冒険』に登場する敵キャラクター。右半身が氷、左半身が炎でできている。「オレは戦うのが好きなんじゃねぇんだ…勝つのが好きなんだよォォッ!!!」のセリフで有名。

5　ネットには「神絵師の腕を食えば絵が上手くなる」というジョークが古くからある。またハンニバル・レクターは、作家トマス・ハリスの複数の作品（『羊たちの沈黙』など）に登場する猟奇殺人鬼。生きた人間の頭蓋骨を切開しその脳を焼いて食うシーンは有名。

EXPORT STOUT

まるで心の栄養ドリンク
道化師マークのスタウトが
酒の楽しさを教えてくれる

酒を飲むこと自体好きじゃない、って若い人、増えてるみたいやね。[1] 別に現代社会には酒飲む以外にも楽しいことあるから、ってのも理由だろうけど。要は健康に悪いし、飲んで暴れる奴とかいるし、好みの味探すにもカネや時間がかかるし……って、とにかくマイナスな点が気になってしょうがないんだと思うんだよね。

当然無理して酒好きになることないんだけど、本来酒って飲むことでちょっと日常がハッピーになる、**楽しい飲み物**という側面もあるんだよな。アレと一緒じゃない？　ピエロが怖がられてる件と似てるよね。ペニーワイズ[2]とかジョーカー[3]とかにミーム汚染[4]されちゃってるけど、本来道化師って愉快なカッコで人を笑わせるハッピーな存在じゃん。多面的に見てほしいよねやっぱ。

なんて言ってたら、なんと道化のマークを背負った老舗のブルワリーがあった。それが栃木県の那須高原ビール。ビール持って楽しげな道化はまさに「幸福の印」としてあしらわれているそうで、生きている喜びを感じてほしいという願いが込められてるらしいよ。

栃木県

那須高原ビール

那須ロイヤルスタウト

DATA

アルコール度数：6.0%
容量：330ml
原材料：大麦麦芽（ドイツ製造）、小麦麦芽、ホップ
製造：那須高原ビール株式会社
那須郡那須町大字高久甲3986
https://www.nasukohgenbeer.co.jp/

ハクノの味覚パラメータ

1　Amazon Prime Video のCMにおける松本人志のセリフ「Prime Video を使ってる人、増えてるみたいやね」より。二〇二〇年頃に繰り返し流れた結果、なぜかクセになる人が続出。ちょっとしたネットミームと化した。

2　スティーブン・キングの小説『IT』（イット）に登場する怪物。主に不気味なピエロの姿をとり、数十年に一度現れては子どもを恐怖に陥れ惨殺する。

じゃあ早速ここのスタウトを頂いて、生の喜びをチャージしよう。滅びよ人類！

……えっ？　そういう栄養ドリンク？

味だけ説明すると、普通においしいスタウトなんよね。口に含んだ瞬間、カカオ多めのチョコみたいな香ばしくもちょっと甘いビターなフレーバーが体にしみ込んでくる。そこにちょっとだけ鉄分を感じさせる味と深いコク。これを飲み込むと、焦がれたような苦みがしっかりと舌に残っていく。全体的に味がシッカリしているなという印象だね。

それにしても、なぜこんな体にしみ込む感覚がある？　こりゃグビグビと飲めてしまうぞ、っていうビールはもちろん世の中にたくさんあるんだけど、このビールなんか、ツルッと飲めるを通り越しているというか、そのまま**砂漠に水撒いたようにジュンと吸収**されていくような感じがないか？　なんでこんなに「栄養の味！」って感じなのかわからなかったんだけど、これは原料に使われてる小麦麦芽の影響かもしんないな。やっぱ小麦は長年の経験で脳が「エネルギーだ！」って知ってるもんね。

そんで、飲み口はサラッとめなんだけど、**全体の味や香りがきちんと濃い**からより説得力が出てる可能性ない？　二郎系ラーメンってさ、心も体もクタクタって時にフラッと立ち寄ると、必要なものが全部入ってる完全食、って感じで胃の中にどんどん入っていくじゃん。アレと一緒かも。ちょっと疲れてるかなってときにコレを飲んだら、その栄養がバッと全身に行き渡ってもうひと頑張りできる、そんなインパクトを感じるね。

確かにこれは、**疲れた現代人に喜びを届けてくれるかも**しれないよ。クタクタになって落ち込んでる人がいたら、このビールを渡して「Why so serious?」[5]と尋ねたいね。

3　アメリカの漫画『バットマン』シリーズに登場する、道化師のような姿をした悪役。天才的な頭脳とカリスマ、科学知識をもち、またサイコなユーモアを好む犯罪者である。

4　特定の物や概念に対する認識が、他の情報に触れることで無意識のうちに変わってしまうこと。

5　『バットマン』を原作とする実写映画「ダークナイト」におけるジョーカーのセリフ。日本では「そのしかめ面は何だ？」と訳され、怯える人物に対して刃物を持った状態でこのセリフを放っている。そらシリアスにもなるだろ。

COLUMN

今酒コソコソ噂話

VTuberってなんなんだー？

バーチャルYouTuber、略してVTuber、もっと略すとV。正確な定義は砂山のパラドックスめいて難しいんだけど、最大公約数を探すなら「絵や3Dモデルなど、動くキャラクターを自身の姿として用いるYouTuber」とか？

Vの活動スタイルは主に2種類。生配信を中心に活動するタイプと、動画投稿中心で活動するタイプ。私のようなハイブリッド型も多いけど、「動画投稿中心＋サブ的に生配信」というように、たいていはどちらかを主軸においてるね。

さらに世界観の出し方で3種類に分類できるかな。中の人などいない設定厳守の「キズナアイ型」。「この格好は趣味で、中身はオッサンです」みたいな、アバターを衣装と割り切ってる「のじゃロリ型」。そしてその中間、キャラクター設定は存在し基本はそれに従うが、おもしろければ逸脱もOKな「月ノ美兎型」。まあこれは私が勝手に言ってるんだけどね。

別に企業ウィキにもYouTubeにもどの型が最強かなんて書いてないから、好きなスタイルのVを楽しむといいと思うよ。

ピルスナー・ラガー

エールよりも低温で発酵させ、発酵・熟成期間も長めなのがラガービール。その中でも最もポピュラーなビアスタイルこそ、まさにピルスナーだね。生まれたのはチェコなんだけど、ドイツでよりライトな色や味わいに発展して、日本の大手メーカーが造ってるのはほとんどこのドイツ式ピルスナーなんだって。爽やかなのどごし、キレのある苦みが特徴的で、キンキンに冷やして飲みたいね。もちろんピルスナーじゃない、もっと濃いめのラガービールもあるよ。

PILSNER

奥入瀬渓流の源流水を使ったビールは若き日の情熱を宿していた⁉

青　森っつーと、意外とこのハクノと縁の深い土地よね。

私の交友関係にも青森をRep[1]してるVTuberが多いし。ラーメン食べまくり、塩分摂りすぎ短命県[2]ってのも親近感あるね。それに青森といえばやはり、ニンニクの聖地なんよね！　早く**蓋を背負って巡礼して蝶になりたい**[3]もんよ。

そんな青森県の〝アートの街〟十和田市にあるのが、奥入瀬ブルワリー。世界有数のブナの森を有する八甲田連峰の湧水を使用してビール造っておられるんだって。

関係ないんだけど、実はこの十和田市、ニンニクの生産量が日本一らしいんだよね。……えっマジ？　あの田子町[4]より多いの？　じゃあそこで造られたビールなんか絶対おいしいじゃん。

強い確信を抱きつつも、早速ここの定番商品、ピルスナーを頂いて参りましょう。滅びよ人類！

——ん、気のせいか？　このビール、**全盛期のスギちゃん[5]みたいなワイルドさない？**

青森県

奥入瀬ブルワリー
奥入瀬ビール クラシック ピルスナー

DATA
アルコール度数：5.0%
容量：330ml
原材料：麦芽（ドイツ製造）、ホップ（チェコ産）
製造：株式会社 A-WORLD
十和田市大字奥瀬字堰道 39-1
https://oirase.beer/

ハクノの味覚パラメータ

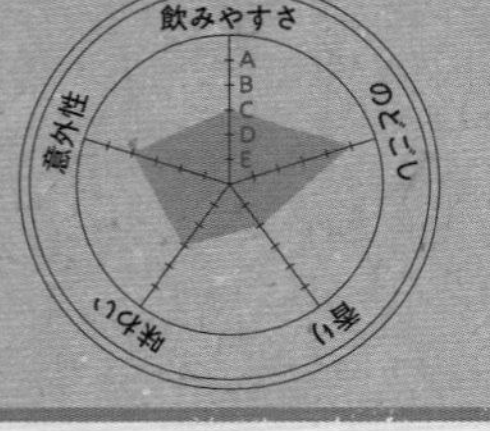

1　レップ。representを短縮したヒップホップ用語で「代表する、背負う」の意。

2　厚生労働省による都道府県別平均寿命ランキングで青森県は男女ともに47位。

3　ゲーム「ダークソウルIII」では、亀の甲羅のような〝蓋〟を背負った「巡礼者」と呼ばれるNPC（ノンプレイヤーキャラクター）が、一定の条件を満たすと「蝶」に変化することが示唆されている。

飲んだ瞬間ハッキリ気づくのは、味のインパクトがピルスナーとしてはしっかり強いことよね。甘みと香ばしさを含んだ麦の味が、濃いというよりも「ハッキリした輪郭で」見える。濃厚な色気漂うおじさまというよりも、シンプルにマッチョでセクシーな兄ちゃんという感じかな。どっちが好きかは好みあるだろうけど。

味を続けて褒めちゃうと、のどごしもさることながら、苦みがすごく心地いいんよね。苦けりゃよかろうなのだ[6]って雑なモンじゃなくて、ちょうどいいなって感じの苦さが、ビールの香りと一緒に長く残る。飲みやすいながらいつもと違う高級感があるね。

そんで、このワイルドさよ。

まるで草原を思い出すような、**若草のような風味**が、ほんのりと、でも確かに漂っとるんよね。こういう〝草感〟みたいなのを「ベジー」とか表現するんだったと思うんだけど、そんなワイルドな若さが、でも不快にならないくらいでちょっと感じられるわけですよ。

やっぱ何事も加減でさ、この味が出過ぎちゃんになると青臭すぎて飲みにくくなるんよね。みんなもそうでしょ、大した挫折なんかしたことない大学生が全能感に任せてツイッターでデカいこと言ってたらミュートしたくなるじゃん。

この酒はそういう未熟ゆえのエゴ全開みたいな感じじゃなくて。ピルスナーと聞いて我々が期待するような飲みやすさ、香り、スッキリさ、そういったものをシッカリもちつつも、奥にその〝若さ〟をちゃんともってるっちゅうわけよ。いつも子どもっぽいと「幼稚な人だな」ってなるけど、たまに子どもっぽいと**それはもうギャップ萌え**なんよな。ドキッとしちゃうね。

……いや、私も見習いたいよ。アラサーなのに未だに精神年齢が大学生くらいから成熟してないからこういう稼業じゃないと生きていけんわけだからね……。

4 〝ニンニクの町〟として全国的に有名な青森県の町。ボードゲーム形式のテレビゲーム「桃太郎電鉄」シリーズでは、「田子駅」で農林物件「にんにく畑」を購入できたり、「田子怪獣ニンニクー」が登場することでおなじみ。

5 サンミュージック所属のお笑い芸人。本名杉山英司。「ワイルドだろ～？」を決め台詞としたネタでR-1ぐらんぷり2012に準優勝し一世を風靡した。

6 漫画『ジョジョの奇妙な冒険』の第二部「戦闘潮流」に登場する「柱の一族」のひとり、カーズが、卑劣な手段で勝負をものにしようとした際に放ったセリフ「勝てばよかろうなのだァァァァッ!!」は、利便性の高いネットミームとして広まり、「勝てば」の部分を差し替えてさまざまな形で引用されている。

PILSNER

爽やかさの中の苦み ポカリのようにゴクゴク飲める"青春ビール"

大山ブルワリーは、かつて孝霊《こうれい》天皇が鬼退治をしたという逸話の残る地、鳥取県西伯郡伯耆町に存在するブルワリーで——**いや郡も町も読めん！**

えっ、「さいはくぐんほうきちょう」!?　んで「おおやまブルワリー」じゃなくて「だいせんブルワリー」!?　ライバーは漢字に弱い。にじさんじ[1]の時代より続く伝統ですね。

ともかく、その伯耆町にあるのがこの大山ブルワリー。「久米桜酒造」という安政から続く酒蔵[2]さんが、ビールも造っておられるということみたい。大山っていうのは、中国地方最高峰にして日本三番目の国立公園、そして日本名峰ランキングベスト3に入るほどの美しい山なんだって。綺麗な山からは綺麗な水が湧くし、綺麗な水・からは綺麗なビールができるが、その綺麗なビールが綺麗の対極に位置する私に飲まれるという理不尽ね。社会の仕組みに近いな。

というわけで、大山ブルワリーの定番商品、「大山Gビール　ピルスナー」を頂いて参りましょう。ドンキホーテ海賊団[3]にいそうな名前のビールだ。滅びよ人類！

鳥取県

くめざくら大山ブルワリー

大山Gビール ピルスナー

DATA

アルコール度数：5.0%
容量：330ml
原材料：麦芽（ドイツ、イギリス製造）、ホップ（ニュージーランド、ドイツ産）
製造：久米桜麦酒株式会社
西伯郡伯耆町丸山 1740-30
http://g-beer.jp/

ハクノの味覚パラメータ

1　ANYCOLOR株式会社が運営するVTuber・バーチャルライバーグループ。二〇一八年より活動を開始し、二〇二二年五月現在約一五〇名のライバーを擁す。

2　久米桜酒造は安政2年（一八五六）に現在の米子駅の近くで創業し、昭和六十年（一九八五）に大山山麓に移転した。

3　漫画『ONE PIECE』に登場する、ドンキホーテ・ドフ

——あっ、コレちゃんと苦くて爽やかだな、青春やん。[4]

飲んですぐ気づくこととして、一般的に買えるピルスナーよりも明確に「苦い」かも。特にグイグイッといくと明確になるねこれは。ピルスナーとしてはかなり**芯の通った苦さ**じゃない？無論それだけじゃなくて、麦のいい香りとか甘みとか、そういうのも一緒に感じられるんだけども。味全体に対して苦みの占める割合が結構あるよね。フロップのフラドロがリバーまでに完成する確率[5]くらいあるかも。

このビールのいいトコは、それでいて同時にゴクゴク飲めちゃうんだよね。やっぱ水がいいからなのか、より抵抗なくスッと身体に入ってくるね。**水よりも、酒クズの身体に近い水。**[6]ほぼポカリまである。いや、単にギャグを言いたかったんじゃないんよ。単に苦い、単に麦の香りってんじゃあなくて、ポカリのCMめいたピルスナーらしい爽やかさがちゃんとあるんだよね。あんまり余韻として残り過ぎないというか、尾を引きすぎないというか。

つまるところが、**必死なうちに駆け抜けた青春みたいな味わい**なわけよ。苦いことも甘いこともあったけどすべては懐かしい思い出の中みたいな。ちなみに私は青春の苦みを永久に引きずって人生に悪い意味で大影響を及ぼしてしまったため、現在こういう形で何とかあの頃空いた心の穴を埋めようとしています。誰か助けてくれ。

……というわけで、この苦みはやっぱり、味が濃くてガッツリした食べ物、肉とか揚げ物とかにもどんどんぶつけていきたいですね。大山ブルワリーは大山の標高三〇〇メートルに位置していて、直営ビアレストランもやっているとか。絶景に囲まれて、肉料理を鬼の息子みたいにナポ[7]っと喰らいながらこのビールを飲みたいな。

ラミンゴを船長とする海賊団。ラオGという幹部が所属する。

4 ティーンが飲むな。

5 ポーカーの一種「テキサスホールデム」の用語。平たくいうと「フラッシュ」が完成しやすい状態で、具体的な数字でいうと三五％ほど。

6 大塚製薬が製造・販売する清涼飲料水「ポカリスエット」のキャッチコピー「水よりも、ヒトの身体に近い水」より。

7 板垣恵介による格闘漫画「刃牙」シリーズでは、さまざまな場面で独特な擬音語が使われることが知られているが、〝鬼の血を継ぐ戦士〟ジャック・ハンマーが、シリーズ第二作『バキ』で見せる肉を食するシーンでの「ナポ」はとりわけ有名。

PILSNER

苦みに忍んだ八女茶ビールを立てる存在感はコラボのお手本！

ご存じの方はご存じのとおり、福岡県は私の生まれ故郷。その中でも八女《やめ》といえば、私のママの実家がある場所なんだよね。

優しいばあ様と九州男児なじい様。里帰りの際はそりゃあチヤホヤされたものよ……ごめんなさい、こんな酒クズになって。でもあなた方の血が酒に強かったせいですからね。なんかジョジョ第一部のOP[1]流れてきそうだわ。

そんな福岡県八女市には「べんがら村」って施設がある。温泉、レストラン、ジム、すべての健康の生みの親[2]みたいな場所なんだけど。実はここ、クラフトビール醸造所まで入ってるんだよね。

やはり酒は百薬の長だから、健康増進施設を名乗るならそれくらいなきゃね。

というわけで飲んでみるのは、べんがら村「八女ブルワリー」のピルスナー。八女といえば「八女茶」というようにお茶が有名なんだけど、このビールにはなんとその八女茶を使用してあるんだって。お茶を使ったビール。想像もつかないけど、頂いてみましょう。滅びよ人類！

福岡県

八女ブルワリー

Bright Star Pilsner

DATA

アルコール度数：4.5%　容量：330ml
原材料：麦芽（ドイツ製造）、ホップ（チェコ、ニュージーランド産）、八女茶（福岡県産）、カラギナン
製造：株式会社 YM サービス
八女市宮野 100（べんがら村内）
https://yamebrewery.com/

ハクノの味覚パラメータ

1　アニメ「ジョジョの奇妙な冒険」第一部の主題歌は「ジョジョ その血の運命」。

2　ワタナベエンターテインメント所属のお笑い芸人サンシャイン池崎の持ちネタである長すぎる自己紹介の一節「漫才、コント、落語、すべての笑いの生みの親」より。

3　TPSゲーム「スプラトゥーン」のブキ・ローラーは、一撃で相手をキルでき潜伏からの暗殺に向いている。

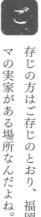

……えっ、お茶かコレ？　むしろ柑橘——いやお茶だ！　イカニン付けたローラー[3]くらい忍んでたわ。

正直最初に口をつけたときは、どちらかというと**柑橘っぽい味が先にくる**んだよね。原料に使ってるってわけじゃなさそうなんだけど、ちょっとだけフルーツビールみたいなこの味わい。これはかなり飲みやすさに貢献してると思うね。舌触りも細やかで、こちらにするするっと入ってくる。七人の悪魔超人編におけるロビンマスク[4]に匹敵するね。

そんで、驚くのはむしろ飲み込んだ後と言えるかも。

ビールなんだから、飲み終われば多少苦みが残るもんだと思うんだけど、その**苦みにどこか奇妙な安心感を覚える**んよね。そんで、「えっ何だこの感覚？」って懸命にその痕跡を手繰ると、そこにお茶がいるのよ。

ビールがもってる苦みと、お茶がもってる苦み。これが大学生の一限の寝坊と落単くらいシームレスにつながっていて[5]、気づけば古き良き日本人的なホッとする感覚に包まれる。

いや、ここまで味わってようやく理解したね、**お茶とビールがコラボする必然性**を。正～直飲む前はナメてたというか、「無理矢理お茶なんか使うのは限界だ……[6]」「八女茶とビールで喧嘩させせないのは無理だ」と考えていたんだよね。ちがうんだなそれが。

一見接点のないふたりに見えて、きちんと歯車がかみ合う共通点をもっている。だからお茶サイドは基本的にビールを立てつつも、飲む人が飲めばわかる形でそっと存在を示してるわけ。

VTuberも見習って、誰とでもとりあえずコラボするんじゃなくてさぁ……やめるか。これブーメラン投げ選手権スタートする気がしてきたわ。

「イカニンジャ」という能力を装備することで接近時の痕跡を限りなく隠すことができ、より暗殺向きのブキとなる。

4　ゆでたまごによる格闘ギャグ漫画『キン肉マン』に登場するロビンマスクは、キン肉マンに敗北した後、謎のセコンド「バラクーダ」としてウォーズマンを非情に鍛え上げ、キン肉マンへの復讐を果たそうとした。が、次シリーズ「7人の悪魔超人編」ではなぜか何事もなかったかのようにキン肉マンサイドで戦っている。

5　マジで行けよ。

6　漫画『ジョジョの奇妙な冒険』第三部の敵キャラクター、ダニエル・J・ダービーのセリフ。賭け勝負でイカサマをし勝利を確信したジョセフ・ジョースターに対し、ダービーはこのセリフを吐いて逆転勝利した。

PILSNER

風呂あがりの一杯に最高！舌を引き締める苦みとあとからくる蕎麦の香り

も

うたぶん一〇年以上、自らの意思で「旅行」ってしたことないんだよね。工場で働いてた頃は当然旅行なんかできんし、ある程度時間やカネが自由になる今でも、基本インドア派だから積極的に旅しようとはならんし。

というか、今の私には純粋なバカンスって無理なんだよな。いや、忙しいからとかじゃなくて、考えてもみて。今この瞬間旅行になんか行ったら、たどり着いた先で間違いなく私はこう思うよ、「さて、動画映えする場所でも探すか」って。インターネットやめろ。[1]

とはいえ憧れるね、なんにもしないし考えない旅行。目的もなく温泉に行って、地獄のようにクソ熱い風呂[2]でしっかり温まってさ。風呂あがりにビールでもバチキメて、おいしいもの食べたらもう最高でしょ。

……とか考えてたら、実は**異様に話が早いブルワリー**の存在を知っちゃったんだよね。それが山形県の天童ブルワリー。まさに「湯あがりに、一杯」がコンセプトらしいんだけど、驚くのがそ

山形県

TENDO BREWERY

蕎麦ドライ

DATA

アルコール度数：6.0%
容量：330ml
原材料：麦芽（ドイツ製造）、ホップ（ドイツ産）、そば（山形県産）
製造：株式会社一楽荘
天童市鎌田本町 2-2-21
https://tendo-brewery.itiraku.com/

ハクノの味覚パラメータ

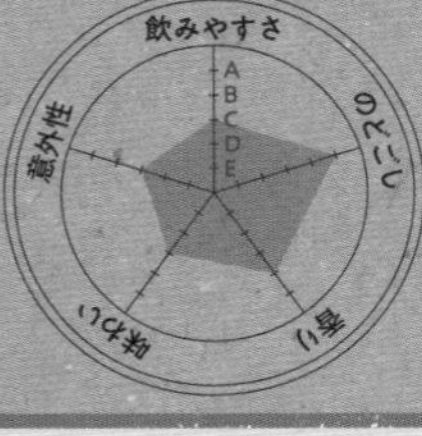

1　恐らく二〇一〇年前後より存在する初出不明のインターネットミーム。インターネットの悪い影響を受け、時間を無駄にしたり心身の健康を損なったりしている者に向けてこのセリフが発されることが多い。

2　大和田秀樹による麻雀漫画『ムダヅモ無き改革』の主人公、小泉ジュンイチローのセリフ「地獄のようにクソ熱い風呂を入れてくれ」より。先の戦いで瀕死の重傷を負い

の立地。なんとこちら、温泉旅館の敷地内でビールを造ってるんだよね。地産地消すぎんか？
今回はここのピルスナー、「蕎麦ドライ」を頂いてみよう。滅びよ人類！

――総大将に進化したスーパードライ[3]か？

飲んだ瞬間真っ先に気づくのは、この鼻へ抜けていく軽やかな香り。麦の香りってのも当然あるんだけど、それだけでは説明つかない、後から被せるように追いかけてくるこの香ばしさ。これは**まぎれもなく蕎麦**だね。日本人が昔からよく知っている穀物だし、これが麦と喧嘩するはずもない。

で、味の方よ。当然うま味や甘さも感じられるんだけど、これは市販のビールでも同じくらいの体験ができるかもしれない。それより驚かされるのは、この圧倒的な苦みね。ＩＰＡ飲んだか？と錯覚するくらい**しっかりとした苦みが舌をグッと引き締め**て、そして飲み込んだ後もまあまあ舌に残り続ける。

そんな味のキンキンに冷えたビールが、パワフルなのどごしを伴って口内へ流れ込んでくると思ってみて？　これはねぇ、風呂用意してから飲むどころじゃない。風呂あがってすぐ全裸のままこれを飲みたいし、髪もビチャビチャのまままつまみを食べたいし、そのうえでもう一杯飲みたい。

ギリ風邪ひいてもいいわ。

聞けば旅館の元社長が、「湯あがりとビールだ」とわざわざベルギーまで修行に行った結果生まれたのがこのブルワリーなんだとか。これは「えぇ～？　旅館がビールを？」なんてなめたらアカン[4]ね。対人関係のストレスに耐えられなくなったら山形へ飛び出して、煮え湯は飲まずにコレ飲んで、最高の晩酌をスタートさせたいものだよ。

麻雀の腕と記憶を失っていたジュンイチローが、戦いの中でその記憶を取り戻した際にこのセリフを発した。

3　ＲＰＧゲーム「ポケットモンスター　スカーレット・バイオレット」に登場する大刀ポケモン・ドドゲザンが元ネタ。全身が刃でできたキレキレの刀刃ポケモン・キリキザンが、キリキザン同士の戦いに勝ち続け総大将へと進化した姿。

4　ノーベル製菓が製造・販売する「ＶＣ－３０００のど飴」のＣＭに登場するフレーズ。なお、このＣＭのイメージキャラクターは演歌歌手の天童よしみである。

青春アニメの聖地で造る王道ど真ん中のラガー 市販のビール好きにも嬉しい

いわゆる青春アニメってあるじゃん。私アレ苦手なのよ。嫌いじゃないよ、苦手ね。別に青春さんサイドには何の落ち度もないんだけど。私ってド陰キャだから中高生活も大したことなくてさ。魂から輝くティーンエイジャー見ると、私には存在しなかった二度と戻らない時間のことを考えて泣いちゃうのよ。悪いがそのアニメをしまってくれんか。ワシには強すぎる。[1]

それ系で最後にダメージ負ったのは、やっぱ「ラブライブ！」[2]だね。当時付き合ってた人がファンだったから一緒に観てたんだけど、第二期最終話でバカ泣きしちゃって。なんなら勧めてきた本人より号泣してたからね。

そんな**ラブライブに縁のある地**で、ビール造りを始めたブルワリーがある。Aqours[3]の地元、静岡県沼津《ぬまづ》市から活動をスタートしたそのブルワリーの名は、ベアードブルーイング[4]。一九九七年に仕事を辞めてビール造りを学び始めたその行動力は、ある種スクールアイドルたちと共通するところがあるかもしれないね。[5]

静岡県

ベアードブルーイング

沼津ラガー

DATA

アルコール度数：5.5%　容量：330ml
原材料：麦芽（イギリス製造）、大麦（イギリス産）、ホップ（イギリス、ドイツ産）、糖類、酵母
製造：合資会社ベアードブルーイング
伊豆市大平 1052-1
https://bairdbeer.com/ja/

ハクノの味覚パラメータ

1　アニメ映画「天空の城ラピュタ」に登場するポム爺さんのセリフより。シータの持つ飛行石を見、その輝きに呑まれそうになった彼は、うずくまりながらこうつぶやいた。

2　KADOKAWA、サンライズ、ランティスによるメディアミックス・プロジェクト。筆者が言及しているのは二〇一三～一四年に放送されたテレビアニメ版。音ノ木坂学院の廃校を防ぐため、その生徒である九人の女子高生がともかく今回はベアードビールの定番、「沼津ラガー」を頂くことにしよう。滅びよ人類！

……こりゃ、王道をまっすぐ進んだようなうまいビールだね！

私たちがよく知る、大手で造られてるようなラガービールあるでしょ。アレを**変な色気出さず正当に進化**させた、メタルグレイモン[6]みたいなビールだなと思ったかな。

全体的な味わいは我々の普段よく知るビールらしく、スッキリしてて飲みやすいんだよね。なんだけど、水飲んでるみたいに軽いわけじゃない。重量感ある深み、コクがあるもんだから、同時に味わい深くもあるわけ。

そこにやってくるのが、麦らしさを感じられる香ばしい風味と、それから甘み。のどごしもよくて、今ビールを飲んでいるぞ、という**満足感をガッツリ感じながらゴクゴク**いけて、後味にはやや苦みが残る。料理と一緒にビール飲みたいな〜と思ったとき、ソイツに欲しい要素が全部詰まってると言っても過言ではない。

たとえばアニメでもさ、奇をてらった展開で話題を作る作品もあると思うわけね。インターネット時代にその戦略が間違ってるとは別に思わんのだけど、実は我々が求めてるモノって「普段よく観るヤツでありながら、他とは違うなって思えるヤツ」なのよ。ラブライブだって、急に歌う件とか除けば骨子は王道の青春モノでしょ。実はみんな観てぇのはそういう作品なわけ。ビールもそうだよなって思った。

市販のビールが好きな方にとってもわかりやすく満足感を得やすい、ストレートなうまさだと感じたね。これを飲んだら**きっと青春が聞こえる**[7]と思います。いや、青春に酒を持ち込むのは本当にやめろ。

スクールアイドル「μ's」として奮闘する物語。

3 「ラブライブ！」と世界観を共有した作品「ラブライブ！サンシャイン!!」にて主役を務めるスクールアイドル。静岡県沼津市にあるとされる浦の星女学院に通う女子生徒たちで構成されている。

4 現在の本社は伊豆市。

5 そ、そうかな……？

6 デジモン（デジタルモンスター）の一種。アニメ「デジモンアドベンチャー」において、アグモンというデジモンが進化した姿のひとつである。作中で一度スカルグレイモンという凶悪な「間違った進化」をしてしまったアグモンだが、その後正当にこちらへ進化する術を身につけた。

7 「μ's」の名曲のひとつ「きっと青春が聞こえる」より。

今酒コソコソ
噂話

なんでVTuberを始めたの？

私がVを始めたのは、今度こそ表現活動で認められたかったからだね。

若い頃、アマチュア演劇やってたのね。けど身内しか観ない劇もウンザリだったし、かといって上京する勇気もなかったし、あと恋人を同じ劇団の奴に寝取られたし、全部嫌になって辞めちゃったんだよな。

それからずっと非正規雇用で働いて、表現活動で生きることなんかとうに諦めてたんだけど。昔から推してたアーティストのライブ見て気持ちが変わったわけ。あの人らは年食っても頑張ってるのに、私は何？って。

そしたら2018年のVブームよ。ああいうのって愛想よく振る舞えるかわいい子しかやれないんでしょ、って思ってたら、にじさんじの出現よ。いやたまげたね、月ノ美兎に鈴鹿詩子、なんだこの人ら、見た目もいいが人としておもしろいぞ！って。

『ロッキー・ホラー・ショー』のフランクン・フルターも「夢見てちゃダメよ、夢になりなさい」って言ってたし、この路線で私も今度こそ夢になってやる。それが私の原点だな。

ヴァイツェン

ビールが苦手な人に飲んでほしいのは、このヴァイツェンってビアスタイル。14世紀から続く伝統的ビアスタイルで、ドイツ語で「小麦」を意味するその名のとおり、小麦麦芽を50%以上使うことで知られてるね。バナナみたいなフルーティな香り、苦みが少ない柔らかな味わいが特徴的で、ピルスナーを飲んで苦手だった人にも「これなら」って人は多いよ。「白ビール」とも言われる淡い色のものが多いけど、これは製法によって違うね。

WEIZEN

文豪たちに愛された道後温泉の老舗酒蔵が造る心に残るヴァイツェン

私って昔から史跡に全然興味なくてさ。家族旅行でお城とかお寺とか連れて行ってもらってもちっとも楽しくなくて。そんで退屈そうにしてたらママとかパパから「そんなに嫌ならもう帰るよ!」って言われてたね。だから帰りたいんだっつーの。

でも旅自体は好きで。要するに私が旅先で欲してるのは、体で直接味わえるものなわけ。つまり**地元のメシ、地元の酒、そんであとは温泉**よ。ちなみにこれ言うとだいたい「何歳なん?」[1]って訊かれるね。

そんなハクノにまさに向いている観光地として挙げられるのが、正岡子規生誕の地、愛媛県は松山市にある道後温泉だね。『日本書紀』の時代から知られている日本最古の温泉地のひとつで、夏目漱石の『坊っちゃん』で舞台にもなってる。あと胃腸病とか痛風とかにも効くんだとか……まぁ、酒飲みにはよさそうよね。

そして忘れちゃならんのが、この地には明治創業の老舗酒蔵、水口酒造があるってこと。地元の

愛媛県

水口酒造

道後ビール ヴァイツェン

DATA

アルコール度数：5.0%　容量：330ml
原材料：麦芽（カナダ、ドイツ、その他製造）、ホップ（ドイツ、アメリカ産）、麦（愛媛県産）
製造：水口酒造株式会社
松山市道後喜多町 3-23
https://www.dogobeer.co.jp/

ハクノの味覚パラメータ

1　VTuberを始めた瞬間から、筆者は年齢を訊かれるたびに「アラサーです」と答えている。たぶん四〇になってもそう言うだろう。

2　アメリカのコメディ漫画『ポパイ』に登場する船乗りで、ホーレン草を食べることでパワーアップする。

3　RPGゲーム「ファイナルファンタジーVI」の有名なバグ。「バニシュ」とは「物理攻撃を無効にする代わりに

温泉と地元の酒が合わされば、もう**鬼に金棒、ポパイにホーレン草、**[2]**バニシュにデス**[3]よね。

当然日本酒も有名なんだけど、実はこの酒蔵、ビールも造ってるわけ。たまらんね、風呂あがりに地元のビール飲めるの？　その名もズバリ「道後ビール」。今回はヴァイツェン、またの名を「のぼさん[4]ビール」を飲んでみよう。滅びよ人類！


——えっ、ちょっと酸っぱい？


いや落ち着こう。まずこれはヴァイツェンの性質上当然なんだけど、苦みは全然ないね。比較的苦くないといわれるヴァイツェン界隈でもかなり感じない方じゃないかな。

そして味の方も、ヴァイツェン好きならご存じバナナの甘みと香りが漂って……と思ったら、その裏でバナナを支えている別の味に気づくと思う。**ズバリ、ややキュッとくる酸味。**基本的に甘〜いビールのイメージが強いからさヴァイツェンって、虫ポケモンばっか出るモンだと思ってたトキワの森で初めてピカチュウ[5]見たときみたいな驚きがあったよ。

これは私に言わせてもらうと悪くない方向性で、ヴァイツェンって甘くてゆるりと飲むお酒だなという印象があるじゃん。そういうキレイに流れるような味わいもいいんだけど、そこにこういうひと差しがあると、**かえってハッと心に残る**ことがあるんだよね。

正岡子規の作品読んだことある？　「柿食えば　鐘が鳴るなり　法隆寺」は有名だけど、身体が弱くて病気もしてたからなのかね、「えっ？」みたいな陰のある作品がチョイチョイあるんだよね[6]。

そういう光と陰のギャップみたいなところに、現代を生きる我々はつい惹かれるというわけよ。

ということで、私がこの芸風でときどきヘラっちまうのは、そのギャップで視聴者をハッとさせるためなんだな……これは嘘だな、そういう性格だからですね。


魔法攻撃が必中になる」魔法。「デス」は即死魔法だが、耐性のある敵も多く命中率も低い。が、バニシュを敵にかけることで魔法が必中となり「即死耐性を貫通してボス含めたほとんどの敵を一撃で倒せてしまう」という裏技があった。

4　正岡子規の幼名。ちなみに水口酒造のこれ以外のビールには「坊っちゃんビール」「マドンナビール」「漱石ビール」と漱石由来の名前が付けられている。急に連れて来られた子規の心情やいかに。

5　RPGゲーム「ポケットモンスター　赤・緑」が初出の、トキワシティとニビシティの間にある森のダンジョン。イモムシやサナギの形をした虫ポケモンが頻出するが、5%ほどの確率で大人気ポケモン、ピカチュウが出現する。

6　筆者的オススメは「紫陽花や　昨日の誠　今日の嘘」。

「和紙の町」のクラフト魂 自家栽培にこだわった〝食感〟のある雑穀ビール

ホ

ロライブやにじさんじをはじめとする事務所所属のVTuberは、アイドルとして磨かれた真っ白存在に見せなきゃいけないし、いうなればしっかり精米された銀シャリみたいなモンよね。

その苦労を考えると、私みたいな**個人勢のVTuberって玄米とか雑穀みたいなモン**じゃない？　サクナ[1]のステータス上昇率は下がるかもしれんけど、白米にはない栄養とかいろいろ入ってるから、かえって健康にいいかも。いやウソかな、自信なくなってきた。自分の動画振り返ってみてたけどヘルシーな要素ゼロだったわ。

さて、そんな雑穀をなんとビールに使ってるというブルワリーが、埼玉県は小川町にあるらしい。ユネスコ無形文化遺産にも登録されている手漉きの和紙が有名な小川町。ここでビール造りを行っているのが、その名もズバリ麦雑穀工房マイクロブルワリー。

このブルワリーのモットーは、畑からビールを造ること。自家栽培や地元産の原料に可能な限り

埼玉県

麦雑穀工房マイクロブルワリー
雑穀ヴァイツェン

DATA
アルコール度数：5.0%　容量：330ml
原材料：大麦麦芽、小麦麦芽（以上外国製造）、ライ麦、ザッコク（以上埼玉県小川町産）、ホップ、酵母（以上外国産）
製造：合同会社麦雑穀工房
比企郡小川町大塚 88-6
https://www.craft-beer.net/

ハクノの味覚パラメータ

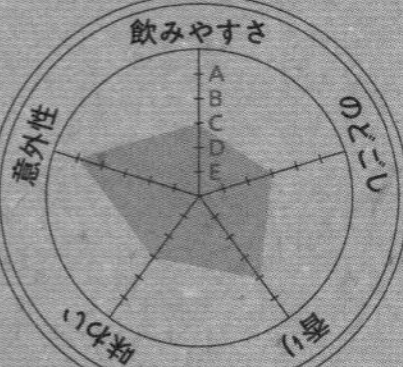

1　和風アクションRPGゲーム「天穂のサクナヒメ」の主人公。豊穣神にもかかわらず自堕落な生活を送っていたが、とあるミスが原因でヒノエ島という孤島の調査に駆り出される。豊穣神と武神の血を引くサクナは、ヒノエ島で良い米がたくさん収穫できるほど戦闘能力が向上する。

2　福地翼による超能力バトル漫画『うえきの法則』の主人公。百人の中学生による能力者バトルに巻き込まれた男

こだわってて、さらに醸造で出るモルトかすを肥料として使ってるんだとか。すげーや、**うえきの能力ぐらいサイクルしてる**[2]ね。

そんな麦雑穀工房の看板ビールこそ「雑穀ヴァイツェン」。大麦やホップの他に、なんと自家栽培の小麦やライ麦、キビ、アワを使用してあるんだって。実質六宝菜[3]だね。早速頂きましょう。

滅びよ人類！

……ビールを、食ってる[4]……！

ヴァイツェンというだけあって、やっぱり独特のバナナみたいな香りはするんだよね。苦みもほぼゼロだし、**まろやかさもあって飲みやすい**というのは間違いないと思う。

で、特徴的なのがこの雑穀要素よね。はじめのひと口は一瞬野性味のある味がしたような気もするんだけど、これは飲み続けたら気にならないかも。そしてうっすらと酸味、わずかに漂う独特な香ばしさ。そこにプラスして**〝食ってる〟ような飲み口**。

この感覚ちょっと説明すんの難しいな。濃厚すぎる黒ビールを「パン食ってるみたい」って表現することがあるけど、アレとは全然方向性が違うんだよね。飲み心地はどちらかというとライトなんだけど。雑穀混ぜたパンって食ったことある？　アレって香ばしさもさることながら、独特のザリッとした食い心地ない？　それを粉みじんにしてビールに混ぜたかのような、飲んでいるのに〝食感〟と表現するのがふさわしいこの感覚。他じゃあ飲んだことないね。

ビールとなってなお生きた証を残しているというのか、雑穀たちよ。これは私も負けられないね、VTuber界の雑穀として、見ているだけなのに食ったような感触がする動画をたくさん作り、生きた証を残していかないとな。

子中学生で、その能力は「ゴミを木に変える能力」という一見微妙なもの。が、ゴミを木に変え、その木の一部（ゴミ）から再び木を作ることができる、というように「サイクル」している能力であることが、物語後半で重大な意味をもつことになる。

3　吉本興業所属のお笑いコンビ・麒麟の漫才「幼稚園の先生」より。朝食がご飯とシーチキンのみだったことをイジり倒された田村が、苦しまぎれに「八宝菜」と嘘をついたところすぐに川島にバレて、「二宝菜」（ご飯とシーチキン）と訂正した。

4　アニメ「新世紀エヴァンゲリオン」の葛城ミサトのセリフより。第拾九話「男の戦い」にて、主人公・碇シンジの搭乗したエヴァンゲリオン初号機が暴走。「最強の使徒」第14使徒ゼルエルを捕食するシーンで発せられた。

現地では飲み放題!? 酒クズを優しく包み込む 完熟バナナと上品おばあ

海の幸の魅力がわかり始めたら大人、って思ってるんだよね私。

小さい頃、おじいおばあって結構外食で寿司とか刺身とか食べさせてくれたわけよ。でも正直**エレンぐらいガッカリしただろうね**[1]、魚食う孫のリアクション薄くて。だって肉の方が味ハッキリしてるし脂っこいんだもん。いいから焼肉行きたかったよ。

今では私も三〇代。成長しました。なにせ情報を調べたとき、素直に行ってみたいと思ったからね。福井県の若狭《わかさ》海遊バザール千鳥苑に。このドライブインの目玉はなんと、海鮮バイキングランチ。海の幸が食べ放題ってだけでもウキウキするけど、一番気に入ってるのは……値段だ。[2]

大人六〇分二四二〇円。すでにお得感があるけど、なんとこの料金、飲み放題を含んでるんだよね。しかもだよ、このドライブインに併設されたブルワリー、若狭シーサイドブルワリーの**若狭ビールまで好きに飲んでいい**んだって。たまらんな。

まぁ私の目の前には海の幸どころかカニカマしかないわけだけど、海産物全般によく合うという

福井県

若狭シーサイドブルワリー
若狭ビール ヴァイツェン

DATA
アルコール度数：5.0%
容量：330ml
原材料：麦芽（外国製造）、ホップ（外国産）
製造：株式会社千鳥苑
三方郡美浜町坂尻 43-3-1
https://www.heshiko.com/

ハクノの味覚パラメータ

1 諌山創による少年漫画『進撃の巨人』の主人公エレン・イェーガーのセリフ「オレはガッカリした」より。あまり詳しく状況を説明すると重大なネタバレになるのでここでは割愛する。

2 映画「コマンドー」のセリフより。なお、セリフを発した男・クックはこのあと売り物の車を盗んで逃走するが、この店は前払い制なので食い逃げの心配はない。

この若狭ビール、今回はヴァイツェンを頂いてみたい。滅びよ人類！

――うおっ、何だこれは！　品のある老婦人みたいなビールだ。

まずやっぱり、飲み口が非常に上品だよね。尖ったところのない柔らかな感触で、グイグイというよりもゆったりと飲むことができる。居酒屋のビールだけ知ってる人が驚くのはやっぱりこういうビールじゃないかな。

それで、ヴァイツェンってバナナの香りがすることで有名だと思うんだけど。コイツはただのバナナってんじゃあないね。**これはもう、完熟バナナ**よ。黒いポツポツ、シュガースポットっていうんだけど、アレがいっぱい出てて超〜甘いヤツ。

熟しまくったバナナ、ビールという飲み物と非常に相性がいいと思うんだよね。ヴァイツェンはビールの中でもほとんど苦くないと言われる部類なんだけど、まぁかなり無理やり探せば苦い部分もあるでしょ。でもそれが甘々の完熟バナナ味に包まれることによって、あたかもカラメルのホロッと苦い部分みたいに「そういうもの」として受け入れられるんだよね。

これはまさに、**物腰柔らかで気品のあるおばあ**のビジョンを幻視するね。高い水準の教育を受けているんだけどそれをひけらかさず、長い人生だし大変なこともあったけど苦労自慢もしない。すべてを人生の糧として、若い人たちが戦っているのを優しく見守っているような、そういう絶妙な存在感だと言えるかもしれない。

人間生きていればどうしても酒に頼りたくなるときがあると思うんだけど、そんな私たちをそっと受け止めてくれるような、器のデカいビールだね。まぁ私は常に酒に頼りすぎたせいでこうなっているので、みなさんも寄りかかるのはほどほどにしましょう。

WEIZEN

日本のビール発祥地 歴史を背負った横浜で造る 苦みほぼゼロの濃い味ビール

神奈川県

横浜ビール醸造所
ヴァイツェン

DATA

アルコール度数：5.5%
容量：330ml
原材料：麦芽（外国製造）、ホップ
製造：株式会社横浜ビール
横浜市中区住吉町 6-68-1
http://www.yokohamabeer.com/

ハクノの味覚パラメータ

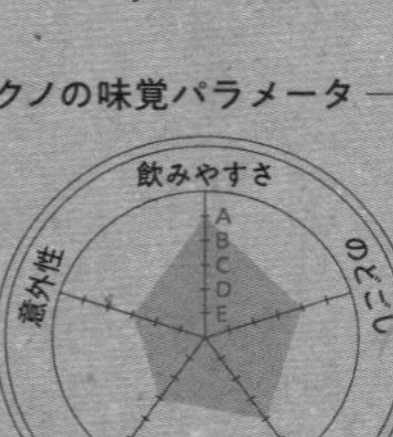

フ

ァーストペンギンなんて言葉があるように、最初にやるってすげぇ勇気がいることだよね。

我らが始祖たるキズナアイ親分は、人類がまだ知らなかったバーチャルYouTuberという概念を世に広めた巨人、ほぼユミル[1]なわけだ。私と芸風は全然違うしいろいろあったけど[2]、そういう意味では未だにリスペクトしてるよ。

じゃあ日本ビール界におけるキズナアイは——つまり最初にビール造りを始めた醸造所ってことだけど——どこにあったか知ってるかな。答えはなんと……神奈川県！「なんと」ってほど意外でもないか。ペリーが来たのだって浦賀だし、海外と繋がってる感じはメチャクチャあるわ。

ともかく神奈川県、具体的に言えば横浜こそが、日本で最初のビール醸造所が開設された土地なわけ。ここでクラフトビールを造るブルワリーってのは、**ロンドンでロックバンドやる[3]のと同じ**ような気持ちだろうね。で、それを実際にやっているブルワリーこそが、その名も横浜ビールというわけだ。

1 諫山創による少年漫画『進撃の巨人』の登場人物。クリティカルなネタバレになるので詳細は省くが、「ユミルの民」と呼ばれる特殊な力をもつ人々の祖たる存在。

2 まぁ、いろいろあったよね。

3 ビートルズのアビー・ロード（横断歩道）やセックス・ピストルズの生みの親がやってたブティック、フレディ・マーキュリーの生家な今回はこちらのヴァイツェンを頂くことにしよう。滅びよ人類！

……濃いし、飲みやすい。これって両立するんだ。

ヴァイツェンだからそりゃそうなんだけど、マジで**無と言い切っていいくらい苦さがない**ね。同時にビールとしては非常に優しくまろやかな口当たりだから、かなりの飲みやすさをもってると言っていいでしょう。

そんで、ヴァイツェン特有のあのバナナ感なんだけど。香りといい味といい、どちらを取ってもハッキリと味わうことができる。単にバナナってんじゃなくて、非常によく熟していると言えばいいのかな。よく熟しすぎて、なんか単にバナナってんじゃない別の発酵食品みたいな香りがするまである。これ褒め言葉になるかわかんないけど、納豆？　とかをどこか思い起こさせるような、深くネットリした存在感あるフレーバーだよね。

そしてやっぱり特筆すべきは、これだけ印象強くても後には引っ張り過ぎないって部分かな。まろやかって言うとどうしても〝濃厚豚骨豚無双さんの濃厚無双ラーメン海苔トッピング〟[4]みたいなイメージをしちゃうと思うんだけど、これはそういう重さが全然ない。ツルッと入ってくるし、後味もサッと消えていくんよな。**味や香りの濃さとゴクゴク飲める感じを併せ持つ**、これはもうヒソカ[5]やん。

これってエンタメのバランス感覚にも通用するよね。「すげぇ作品だった！」って良い印象はバーンと与えたいんだけど、強く残り過ぎると満足感すごくて次がないのよ。その**ちょうどいいラインを突く**のが長生きの秘訣だね。聖地・横浜で生き残ってきたブルワリーはやっぱわかってるなぁ。

ど、ロンドンにはロックファンにとって聖地と呼ぶべき場所が山のようにある。

4　「やばいクレーマーのSUSURU TV」という動画に登場する架空のラーメン。毎日ラーメン屋へ通ってレビュー動画を投稿している「SUSURU TV」のモノマネ動画で、「SUSURUが店主の土下座動画を撮影するやばすぎるクレーマーである」という奇抜すぎる設定が一部ネット界隈でウケ、SUSURU本人がネタにしたことで大きく拡散された。

5　富樫義博による少年漫画『HUNTER×HUNTER』に登場するキャラクター。彼の「伸縮自在の愛」（バンジーガム）という能力は、粘着力（ガム）と弾力（ゴム）両方の性質を併せ持っている。

〝ビールらしさ〟をそなえたドライなヴァイツェンつまみと一緒に味わいたい

WEIZEN

何年か前に今の家に引っ越したんだけどさ。家探しのとき大きな壁になったのが「私が動画で食ってる」ってことだったんだよね。大家さんってジ……いや、この言い方はよくないな、高齢者の方が多いから、YouTuberといえば警察に捕まり始めている[1]って先入観をゴリゴリに信じてて、「そんな迷惑者をウチに住まわせるわけにはいかん」と断られたりしたのね。

ヒカキン[2]大親分の活躍とかによりYouTube業界全体のイメージは少しずつ向上しとると思うんだけど、まだまだナメとる人はおるし。特にVTuberなんかは業界が若いから、余計に安く見られがちなんだよな。

よし、**こんなときはクラフトビール業界に学ぼう**。北海道は札幌のブルワリー、澄川麦酒の代表[3]は、二〇一一年当時のクラフトビールの扱いを公式サイトで語ってる。曰く、「ビールのくせになんでこんなに高いんだ」とお叱りをしばしば受けていたとか。要はビールも昔は安く見られてたってことだ。

北海道

澄川麦酒
ヴァイツェン

DATA
アルコール度数：5.0%
容量：330ml
原材料：麦芽（ドイツ製造）、ホップ（ドイツ、チェコ産）、はちみつ
製造：澄川麦酒株式会社
札幌市豊平区西岡４条9-1-46 B1
https://www.sumikawa-beer.co.jp/

ハクノの味覚パラメータ

1　筆者の引っ越し当時、迷惑系YouTuberが逮捕されるという事件がワイドショー等で大きく取り上げられていた。なお「警察に捕まり始めている」とは、M-1グランプリ2022に優勝したタイタン所属のお笑いコンビ・ウエストランドの漫才ネタ「あるなしクイズ」に登場する、YouTuberを揶揄するフレーズである。

2　2006年から活動を続けている、日本を代表するそこから再ブームまで、業界はどうやって戦ってきたんだろう。うーむ、ちょっと文章読むだけじゃ理解が足りん気がしてきたな。百聞は一見に如かず、百見は一飲に如かず。ここはこの澄川麦酒のヴァイツェンを飲んで、さらに学びを深めていくとしよう。滅びよ人類！

……あっ、意外とドライにやってらっしゃるんだな。

やっぱヴァイツェンといえばあのバナナみたいな甘い香りが特徴的だと思うんだけど。このビールも確かにその要素はもってるわけよ。ほんわりした優しい甘さが鼻へ抜けていって、ああ「これぞ」って感じだよな、という気持ちになる。苦みもかなり少ないし、飲みやすいよなとは思うね。

なんだけど、同時に気づくのが、**意外とサッパリした飲み物**だってことよ。ヴァイツェンの中にはネットリとした完熟的甘みを漂わせてるものもあって、これはこれで間違いなくうまいわけね。ただコイツはその逆。苦くないなぁ、甘いなぁとは思わせつつ、うっすらとした酸味も同時にもってて、あまりしつこさなくサラッと口の中を抜けていく。ついでにのどごしもそれなりにあって、麦由来の香ばしさも後からじんわりと味わえちゃうわけ。

飲みやすい甘さをもつビールでありながら、我々が大手のビール飲むときのようにグビグビともいける。ともすると**ややガツンとしたつまみを用意してもよく合う**んじゃないのみたいな、そういう感覚にもなるんだよな。

これは勉強になったね。個性も潰さないんだけど、同時に世間様にとってとっつきやすい部分も前に出して、味わいやすく提供する。こだわりと需要のバランスを時には俯瞰して、適切なバランスを探ること。そうして**クオリティを維持**し続ければ、いつか波が訪れたときに日の目を見るということかもしれないなぁ。

YouTuberのひとり、HIKAKIN。社会にまだYouTuberという概念すら浸透していなかった頃から動画投稿を行なっている。YouTuberが最も世間から叩かれた時期を乗り越え、業界全体のイメージアップに貢献してきた。

3 公式サイト曰く、澄川麦酒の代表は二〇一八年にブルワリーを始める前、クラフトビールのバール（軽食が出るカフェとかバーみたいなもの）をやっていたそう。

WEIZEN

甘いがしつこくない！和三盆の原料となる糖蜜はやはり上品だった？

福

岡ってラーメンが有名だけど、実は日本におけるうどん発祥の地[1]であるとも言われてるんだよね。だから福岡通の観光客は、こっちに来たらうどん屋を訪れる。福岡三大うどんチェーン「ウエスト」「牧のうどん」「資さんうどん」を知っていたら、県民にはなかなか喜ばれると思うよ。

そんな私も生涯で一度だけ、うどんの本場と言われる香川県に行ったことがあるんだけど。いやぁ、天地がひっくり返るような衝撃を受けたね。福岡のうどんって、麺がやわやわなのが特徴なのよ。一方讃岐はバリバリのコシうどんでしょ。**同じ名前背負っててこんなに違うのか**、今酒ハクノと岸浪[2]ハクノくらい別モノだなと思ったね。

そういうわけで、同じうどんを名物にもつ県として、今でも私は香川をリスペクトする気持ちと、そしてライバル視する気持ちを同時にもってるんだけど。そんな香川のクラフトビールもまた、福岡のものとどう違うか知りたいわけよ。

香川県

福繁食品麦酒醸造部

モラセスホワイト

DATA

アルコール度数：5.0%
容量：330ml
原材料：麦芽（ドイツ製造）、糖蜜（国内製造）、ホップ（ドイツ産）
製造：合同会社スズシゲカンパニー
東かがわ市水主 4660-1
https://fukusyoku.thebase.in/

ハクノの味覚パラメータ

1　ただしこれは諸説あり、「うどん発祥の地」を名乗る土地は讃岐などいくつかあるようだ。少なくとも日本人が急に生み出したのではなく、中国由来の技術が基になっているのは間違いないらしい。

2　対戦型ダンジョンRPGゲーム「Fate/EXTRA」シリーズにおける主人公のデフォルトネームが「岸波白野」なのだが、これを基にしたアニメ「Fate/EXTRA Last Encore」における主人公の名前は「岸浪だから今回は、香川県の福繁《ふくしげ》食品麦酒醸造部が出しているヴァイツェン、「モラセスホワイト」を飲んでみたいと思う。なんでも和三盆に使われるサトウキビから採れた糖蜜《モラセス》が使用してあるらしいんだけど、味にどう影響してんのかな。確かめてみよう、滅びよ人類！

——いや甘ッまい！　**ビール飲んでこんな甘いことある？**

ヴァイツェンの味や香りはよくバナナにたとえられるけど、このビールもそれはまぁ例外ではないね。特に味だね、よく熟した甘みがしっかり出ていて、飲んだ瞬間にそれがわかると思う。なんだけどこの甘さ、単にバナナでは説明がつかないんだよな。幾分かの酸味、舌全体をガッツと支えるような、でもどこか上品さももっている甘み、そしてどこかバーレイワインとかアルトとかを思い出すような香ばしさと深み。このうちかなりが糖蜜の影響によるものだと思う。

いや驚いた。ヴァイツェンって確かに苦みとかがなくて、ビール苦手な人にも勧めやすいみたいな文脈で語られやすい気がするんだけど。だとしてもここまで甘みがハッキリとあって、かつ単純に砂糖入れましたみたいなベタ甘じゃない、むしろ**しつこさをもたない上品な印象**まで与えてくるとは。

こりゃあアレだね、要所要所で育ちの良さや教養の高さがうかがえるおもしろライバーだ。ゲームやって絶叫したりポンコツムーブしてるトコがウケてるんだけど、ときどき出る語彙が明らかに高等教育の賜物だったり、特定の学問に関して妙に詳しかったりね。

クソーッ、私も言われたいなぁ、教養があるって。あっ、でも私、ある意味**人より多く教育を受けている**と言えるかもしれないな。なんてったって大学に五年行ってる[3]からね。ワハハ……ハァ。

ハクノ」であり、この違いは作中で重大な意味をもつ。なお筆者が「ハクノ」でエゴサーチすると、かなりの確率でこちらがヒットする。

3　筆者は大学で心理学を専攻したのだが、世間のイメージと違い心理学には統計、つまり数学がものすごく必要で、なおかつ必修の授業では毎週とんでもない量の課題が出た。その結果、とある必修単位をピンポイントで落としてしまい、最終的にそのために卒業が延期された。まだ大学生の読者がいたら、絶対に真似しないように。

COLUMN

今酒コソコソ噂話

滅ぼシストの資格

スリップノットのファンが「Maggots」、ホルモンのファンが「腹ペコ」と呼ばれるように、VTuberのファンにもたいてい集団としての呼称がある。今酒ハクノのファンの場合はこうだ、「滅ぼシスト」。名前のとおり「滅びよ人類」と乾杯する者を意味する呼称で、確か活動初期の私が酔っ払って思いついたこの言葉がいつの間にか定着したんだったと思う。

……って話をすると必ず出現するのが、「自分のような新参者が滅ぼシストを名乗ってよいのだろうか」などと心配するファンの人だ。結論から言えば心配する必要はない。今酒ハクノで笑った瞬間、いや、なんならもう知った瞬間から、あなたはすでに滅ぼシストを名乗る資格をもっている。ドンブラザーズと同じシステムだね。

逆に言うとそれくらい軽い呼称なので、別に私のありよう全部に賛同してないと名乗っちゃならんわけではないよ。経営する会社が社会にどう影響を及ぼしているかいちいち調べてからチェーン居酒屋に行く人もそういないでしょ。難しいことは考えず、酒でも飲みながら動画を見て滅ぼシストを名乗ってくれりゃそれでいいのだ。

アルト

濃厚でありながら後味スッキリ、エールとラガー両方の性質をもつのがこのアルト。酵母自体はエール系と同じビール液に浮き上がる「上面発酵」のものなんだけど、醸造時の温度がラガーみたいに低温なのがその秘密みたいだね。ドイツはデュッセルドルフって地方が発祥のビアスタイルで、名前の意味は「古い」。発展した地域が近く製法も似てるケルシュ（→P.139）と比較されがちなんだって。

ALT

まるでアクション映画？ わかりやすくうまい！ リピートしたくなるアルト

今の私は蔵めぐりの方が好きだけど、私のじい様は窯めぐりが好きで。地元福岡の小《こ》石《いし》原《わら》焼とか、佐賀県の有田焼とか。あと吉田松陰とかで有名な山口県は萩市の、その名もズバリ萩焼とか。たまに連れられて一緒に見に行ってたんだよね。

その萩焼っちゅうのはおもしろいモンで、「萩の七化《ななば》け」って言葉があるんだけど。たとえば萩焼の湯飲みがあるとして、そこにお茶とかなんらかの液体注ぐじゃん。そうすると表面の超細かいヒビから、注いだものがちょっとずつしみ込んでいくわけ。その結果、使い込めば使い込むほど色が変わって、**うまいっ！ テーレッテレー！**[1] というわけよ。いやはや、時間をかけて熟成されるってのは、焼き物も酒も同じなんだね。

そんな萩市にも当然、熟成されたクラフトビールがあるわけよ。山口萩ビールが造っているそのビールの名は「チョンマゲビール」。すげぇ名前だけど、やっぱ長州藩の城下町だったし、お侍さんイメージなんだろうね。

山口県

山口萩ビール

チョンマゲビール アルト

DATA

アルコール度数：5.0%
容量：330ml
原材料：麦芽（ドイツ、イギリス製造）、ホップ
製造：山口萩ビール株式会社
萩市大字土原 608-1（本社）
http://www.hagibeer.co.jp/

ハクノの味覚パラメータ

1 クラシエフーズ製造・販売のお菓子「ねるねるねるね」のCMより。魔女に扮した女性がお菓子を実際に練ってみせ、口にした際にこのセリフを発する。ちなみに萩焼は色が変わっても別にうまくはならない。

2 上海アリス幻樂団によるシューティングゲーム「東方Project」の登場人物、霧雨魔理沙の代表的な技で、画面いっぱいの極太レーザーによる攻撃。彼女のテーマ曲は複今回はそのチョンマビールの中でも、特別しっかり熟成されたアルトを頂いてみることにしよう。滅びよ人類！

……すげぇ、アクション映画くらいわかりやすいビールだ。

これだけ濃い色なんだし、マスタースパーク[2]みたいな強烈なパワーある味なんだろうなと最初はイメージしちゃうんだよね。確かにそういう部分もある。カラメルっぽい香ばしさももってるし、中央に芯としての甘さやうま味もあって、ヴァイツェンなんかを飲んだときにしそうな独特の発酵した香りが一瞬フワッと漂う気もする。

んだけど、それ以上に驚かされるのは、その**圧倒的な瑞々しさ**よ。パワー系ビールの要素はいろいろと兼ね備えてんのに、それ以上に水のようにツルンと飲ませるなめらかな質感があって。しっかり濃い味だなぁと思いながらも、しつこさを感じずにグビッと飲んでしまっている奇妙な飲みやすさがあるわけ。

そして何より、このビールを圧倒的に飲みやすくしているのは、とにかく複雑じゃないって部分なんだよね。香ばしさとうまさだけ、寄り道せずにまっすぐ届けてくれてるわけ。次々と表情が変わるとか、何かと何かのフレーバーがみたいな、そういう小難しさがないのよ。それを平板というのかもしれないけど、コマンドー[3]に解釈の余地がないように、向き合うのに気合いがいらない、**ただ飲みやすくてうめぇビール**が必要なんだ我々には。

やっぱリピートしたくなるのはこういうビールだなと思ったね。これを私という萩焼に繰り返し繰り返し注ぐと、**心にできたひび割れから酒が徐々にしみ込んで、**顔が真っ赤になっていく。これを「ハクノ七化け[4]」というんだねぇ。

数あるが、そのうちひとつが「恋色マスタースパーク」。

3　マーク・L・レスター監督、アーノルド・シュワルツェネッガー主演の一九八五年のアクション映画。元精鋭コマンドー部隊のシュワちゃんがさらわれた愛娘を取り戻すという筋書きで、伏線などの小細工は一切なし、シュワちゃんの筋肉と圧倒的火薬量、独特のセリフ回しのおもしろさだけで構成されており、ネットではカルト的人気を誇る。

4　は？

ALT

有名日本酒メーカーが送る
ワインのような濃いビール
その衝撃は雷レベル!?

みんなはライディーンって聞いたら何思い浮かべる? ロボット?[1] YMO?[2] ドラクエ?[3] 私はロボットもYMOも世代じゃないからドラクエかな……いや、だから世代じゃねぇって。やめときなよ、VTuberの年齢を好きなアニメとか音楽とかネットミームとかから推測しようとするのは。

さて、そんな**強靭なるライディーンの名を背負ったビール**が、なんと新潟県に存在するらしい。新潟っていったら無限白米湧きドコロ[4]のイメージがあるし、どっちかというと日本酒の印象が強いけど。日本酒造りに向いてるってことはいい水があるってことだし、ビール造りにだって向いてるよね。

そんな米どころで生まれたビールこそが、日本酒「八海山《はっかいさん》」でおなじみ、八海醸造の「ライディーンビール」。そのパワフルな名前の由来は仕込み水にあるらしくて、なんとその名も「雷電《らいでん》様の清水《しみず》」っていうんだって。すげぇ、強そうなうえになんでも解説[5]してくれそう。

新潟県

猿倉山ビール醸造所
ライディーンビール
アルト

DATA
アルコール度数：5.0%
容量：330ml
原材料：麦芽（ドイツ産）、ホップ
製造：八海醸造株式会社
南魚沼市長森 1051
https://www.rydeenbeer.jp/

ハクノの味覚パラメータ

1 一九七五年放送のロボットアニメ「勇者ライディーン」。ムー帝国の血を引く少年・ひびき洸が、かつてムー大陸を滅ぼし現代によみがえった悪の組織・妖魔帝国を倒すべく、巨大ロボット・ライディーンに乗って戦う。

2 日本のテクノ音楽グループ「イエロー・マジック・オーケストラ」の略称。一九七〇年代後半～八〇年代前半に一大ブームを巻き起こした。代表曲に「RYDEEN」がある。

これはかなりの手練れかもしれんぞ。下手するとこのラベルに描かれてる猿すら巴流の獅子猿[6]の可能性があるからね。いつでも雷返しできるように身構えつつ、今回はアルトを頂いて参りましょう。滅びよ人類！

……えっ、ワイン？ いや違うか、ビールか。

そんなわけないんだけど、口に入れた最初の〇・五秒間くらい「あれっ？ 私って今赤ワイン飲もうとしたっけ？」って錯覚するんだよね。危ない、私がバキ[7]の登場人物だったらワインだと勘違いしてる間にやられてたな。

ブドウも使ってないのになんで？ と思われるかもしれないけど、これには理由があって。つまり味に赤ワインと共通する要素が多いのよ。

飲んだ瞬間に感じられる、まさに色どおりの味の濃さ、深み、コク。その重量感をもっていながら同時に襲い来る、どこか**果実を思わせるようなフレッシュさ**。そして飲み込んだ後の舌には、まるでタンニンみたいな細かいザラつきが残る。これらを統合して脳が「ハッ、ワインが来たのか！」と思ったその瞬間、麦らしい香ばしさが追いついてきてようやく現実に戻されるわけ。

いやはや、他人の空似もここまでくるとすごいね。下手するとドッペルゲンガーの可能性があるから、赤ワインとこの酒をちゃんぽんしない方がいいかも。胃の中でお互いが出会ったら翌朝私がいろんな意味で死んでるかもしれない。

まさにサンダガに打たれたかのような衝撃[8]……じゃなかった、**ライデインに打たれたかのような衝撃**を感じられるビールだったね。ワインに合いそうな濃い味の肉料理とか用意して一緒にグイグイやってもおいしく飲めるんじゃあないかなと思います。

3 RPGゲーム「ドラゴンクエスト」シリーズにおいて、「ライデイン」は勇者にのみ使える強力な電撃呪文。

4 ナガノによる漫画『ちいかわ』に登場するスポット。

5 宮下あきらによる漫画『魁!!男塾』の登場人物・雷電は、しばしば解説役を任されるキャラクターとして有名。

6 巴流は、アクションアドベンチャーゲーム「SEKIRO」に登場する雷を操る剣の流派で、雷を刀で打ち返す「雷返し」により突破できる。また獅子猿は、「SEKIRO」に登場する剣を操る猿のボス。

7 漫画「刃牙」シリーズでたびたび引き合いに出される「〇・五秒の無意識」理論より。

8 RPGゲーム「ブレイブリーデフォルト」の登場人物、リングアベルのセリフ。

濃厚なのに重すぎない！ 三リットル飲んでも竜にならないようご用心

秋田県の伝説というと「なまはげ」を思い出して若干人間椅子[1]になってしまうけど、「辰子姫伝説」ってのもあるらしいね。

秋田は田沢という地に辰子という美しい娘がいたんだけど、その美しさを永遠に保ちたいと思うあまり、観音様に百日も連続でお参りし続けた。するとその百日目に観音様は現れて言うわけだ、「本当にそれを望むなら、山の北の泉に行き水を飲むといい。でも、それを口にしたが最後、君は人間ではなくなるよ[2]」と。結局辰子は水を飲んじゃって、しかもこれが飲んでも飲んでも喉が渇き続ける。それで水を飲み続けた辰子は、竜へとその姿を変えてしまい、田沢湖で暮らすようになった——というもの。**半永久的な若さを実現している我々VTuber**も、そんなヤバい水を飲まないように気をつけないとな。

さて、この辰子姫がおわす田沢湖の名前を冠したブルワリーが、秋田県にあるらしい。そのブルワリーの名は田沢湖ビールブルワリー。このブルワリーのスローガンは「三リットル飲めるビール

秋田県

田沢湖ビールブルワリー

田沢湖ビール アルト

DATA

アルコール度数：5.0%

容量：330ml

原材料：麦芽（ドイツ製造）、ホップ（チェコ産）

製造：株式会社あきた芸術村

仙北市田沢湖卒田字早稲田 430

https://beer.warabi.or.jp/

ハクノの味覚パラメータ

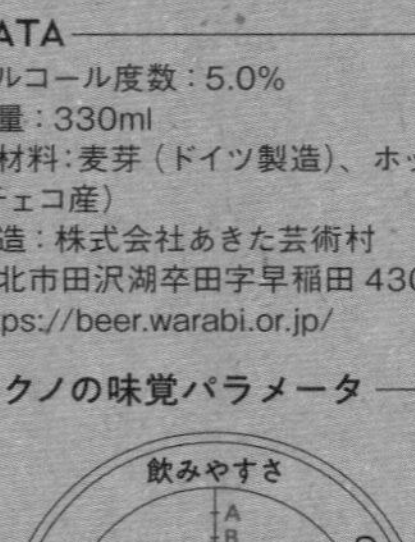

1 一九八七年結成の日本のハードロックバンド。歌唱法に津軽弁を取り入れていることがよく知られており、宗教やオカルト、ホラー要素を含むアングラな世界観が特徴的。二〇一四年のアルバム『無頼豊饒』に収録された楽曲に、なまはげを題材にした楽曲、その名も「なまはげ」がある。

2 ノベルゲーム「Fate」シリーズ、マーリンのセリフより。マーリンはアーサー王伝説における魔術師アンブ

造り」[3]らしい。本当にうまいビールなら、飲めば飲むほど喉が渇いてもっと飲みたくなる。へぇ、そんなビールならぜひ飲んでみたい――えっ⁉　**まさかこのビール飲んだら竜になったりする⁉**

まぁとにかく、田沢湖ビールのアルトを頂きましょう。滅びよ人類！

……うおっ、すごいな。これだけ印象濃くてここまで飲みやすいのか。

味や香りに関しては、ハッキリした方だとは思うんよね。飲んだ瞬間「おっ！」となる、焦がしたような香ばしさ、**深みと奥行きをもった麦の香り**。そこにちょっとした鉄分っぽさとか、ジンジャーを思わせるようなピリッとした辛口さがあるかも。

で、こんだけハッキリした態度のビールだと、普通なら主張がえげつないことになりそうなモンじゃん。ビール飲んでるというより液体状のパン食ってるような感覚になって、お腹いっぱいになっちゃうというか。

このビールには、そういう腹に溜まるような重みが全然ない。味や香りを切り取れば重量感ありそうなパーツしか見当たらないのに、なぜこれが**水みたいにツルッと入ってくる**のか私にもわからんのよね。このギャップ、白濁豚骨スープなのにアッサリ食べられる博多ラーメンを彷彿とさせるよ。

いや、ラーメンの話したからかもだけど、なんだか飲んでると腹減ってきちゃうな。このピリッと舌を刺激する辛口さが、余計食欲を刺激してくるね。ウオオ、竜はともかく私の中の鬼が抑えられない！　悪い子は居ねがぁ！　ビールを用意したのに肉や芋も準備しない要領の悪い子は居ねがぁ！　せっかく購入した農林物件[4]を根こそぎ奪ってやるぞ！

ローズ・マーリンを参考にしたキャラクター。選定の剣を抜こうとしたヒロインのアルトリアに対し、「それを手にしたが最後、君は人間ではなくなるよ」と告げる。

3　これは辰子姫伝説に寄せたわけではなく、初代工場長がドイツに研修で行った際、ビアパブの人から「うまいのか、まずいのか、とりあえず三リットル飲んでから決めてくれ」と言われたのが由来らしい……三リットル？

4　ゲーム「桃太郎電鉄」シリーズに登場する怪獣「男鹿半島怪獣ナマハーゲン」参照。冬に東北地方に出現し、近くのプレイヤーを執拗に追跡、所持金や物件を奪っていく。本来所持金がマイナスになっても手放さずに済む農林系の物件すら奪っていく凶悪さで、多くのプレイヤーから恐れられている。

ALT

リゾート地で造られたフルーティさ満点のアルト バランス◎で飲みやすい

みんなは金持ちになったら何したい？　いや、この本を読んでくれてる方の中にイーロン・マスクがいる可能性は否定できないから「なったら」という前提はおかしいかもしれんけども。

私はＶＴｕｂｅｒ始めたとき「ビール飲みたいときに飲める生活がしたい」って宣言してたんだけど、それはまぁ今、やろうと思えばできる。[1]なんならこうしてビールの本まで書かせてもらってるからね、ビール買いに行くどころか**ビールが来た**まである。

じゃあここから先は何が目標なの？　と問われたら、意外〜と返事に困るんだよな。昔のお金持ちだったら、たとえばリゾート地に別荘をもつとかになるのかね？　いや、あんまり興味ないな。自分ちですら管理できてないのに[2]別荘なんかお世話できるわけがない。身動きが取りやすいように、持ち物は軽くありたいものだよ。

ここはひとつ、飲むビールの値段を上げる方向で。リゾート地の別荘じゃなくて、リゾート地の

長野県

軽井沢ブルワリー

THE 軽井沢ビール 赤ビール（アルト）

DATA

アルコール度数：5.0%
容量：350ml
原材料：大麦麦芽（カナダ、イギリス製造）、小麦麦芽、ホップ
製造：軽井沢ブルワリー株式会社
佐久市長土呂64-3
https://brewery.co.jp/

ハクノの味覚パラメータ

1　別にＹｏｕＴｕｂｅで億り人になれるほど稼いでいるわけではない。単に手元に現金が多少あるから、あんまり後先考えず飲んでいるだけである。

2　筆者は本当に部屋が汚いし、どうせ住むのは自分だけなんだから片付ける必要もないのではないかと考え、汚部屋の中で酒を飲んでいる。

名を冠するクラフトビールを飲むってのはどうよ。そういうわけで、軽井沢ブルワリーの「ＴＨＥ軽井沢ビール」を、今回はアルトをチョイスして頂くとしよう。滅びよ人類[3]！

……ドライアプリコットが副原料か？　いや、副原料は使ってなかったわ。

いや、マジでそう勘違いしそうな味がするんだってば。飲んだ瞬間はやっぱアルトらしいというか、ちょっと焙煎されたような香りとかも漂うのよ。ただしこれはそこまで強くなくて、単に香ばしさがほしいならちょっとページを戻って、スタウトとかポーターからもっと香りのいいヤツを選んで飲んでみた方がいいと思う。

そうじゃあなくて「おっ」と思わされるのは、**この甘酸っぱい香り**よ。甘みはまぁ麦芽由来のものだとしても、このフルーティさと酸味、あと鉄分っぽさ、それが熟成されて濃縮されたようなこの味わいは、普通なら干した果実からしか出んのよね。

もちろん、この香りや甘酸っぱさはしっかりとしたこのビールの個性なんだけど、それをより味わいやすくしてくれるのがアルトとしての特徴よ。圧倒的な力をもっていながら、それが押しつけがましくなく、**重くなく飲める**という。すげぇバランスで成り立っているビールだなと、飲んで素直に感心しちゃったよ。

別のビールのときにも言ったかな。ソイツにしかない圧倒的な個性と、コンテンツとしての摂取のしやすさって、やっぱりＶＴｕｂｅｒ業界でも両立が難しいところじゃあるのよ。でも私以上のレベルで頑張ってる人っていうのは、結局そのハードルを越えたような人たちなんだよな。いやぁ、私もこのビールを見習って、芯もあるしおもしろい、**別荘もてるような人間にならなきゃ**ね……いいのか結論がこれで？

3　こんなこと言ってる奴にカネって集まるのかね？

ALT

気づくには愛が試される？軽い飲み口の陰に隠された一瞬の香りを見つけだせ！

愛がなければ視えない[1]って言葉があるけど、これはまさにVTuberにも通じるところがあって。「どうせ着ぐるみ」と斜に構えた愛のない視聴者の前では、どんなパフォーマンスも無意味なんだよね。

じゃあ愛の視点に甘えていいかというとそうじゃない。ゲストが騙されに来てくれているならホストは全力で騙さなきゃならないし、ホスト自ら魔法が解けるような言動をするのは論外。いわば魔法はホストとゲストが共同で作るものなんだな。

日本においてこの魔法を最大規模で放っている場所といえば、私は京都なんじゃないかと思う。あそこって景観条例が日本一厳しいでしょ。スマホもPCもある現代日本に昔ながらの街なんて存在しないけど、その**魔法を保つために府全体で全力を尽くしてる**わけだ。ホストがその気ならゲストはハンチョウ[2]になり、言わない、無粋なことは[3]。そうやって成り立つ魔法に私は敬意を表するね。

京都府

京都町家麦酒醸造所

京都花街麦酒 まったり

DATA

アルコール度数：5.0%
容量：1000ml（330ml サイズあり）
原材料：麦芽（カナダ製造）、ホップ（ドイツ産）
製造：マツヤ株式会社
京都市中京区堺町通二条上る亀屋町173
http://kinshimasamune.com/beer/

ハクノの味覚パラメータ

1 同人ノベルゲーム「うみねこのなく頃に」において幾度となく登場する言葉。悪意のある人間が対象を観察すればどんな言動も悪く見えるのは当然であり、対象の本当の姿を見るには（愛をもった視点を含む）多角的な視点が必要であるということ。

2 福本伸行によるギャンブル漫画「カイジ」シリーズの登場人物、大槻。借金まみれで強制労働施設へ送られた人間から、班長の立場を利用しそんな敬愛すべき京都のブルワリー、京都町家麦酒醸造所。この醸造所のアルト「京都花街麦酒まったり」を今回は飲んでみよう。滅びよ人類！

……えっ、一見明るいけど心に闇を抱えた女子？

まったりなんて名前がついてるから、もっと口当たりに重みのある重厚な飲み口なのかなとかイメージしてたんだけど、思ったより全然軽く飲めるビールだね。液体自体はサラッとしてて、身体が抵抗なくビールを受け入れてくれる。

それで肝心の中身なんだけど、味・香り共にわりとしっかりしていて、**何と合わせても楽しく飲めそう**ないい雰囲気だね。どこか鉄分を含んでそうなコクのある味わいと、そこから広がる麦の香り。見た目ほどカラメルっぽくはないんだけど、それでも香ばしさが鼻へちゃんと抜けていく、飲みやすいけどパワーもあっておいしいビールだね。

そんでその味わいをフムフムと楽しんでいたら、その奥から一瞬だけだけど、何やら湿度の高い味がフワッと出てくるんだよな。熟したバナナとか表現したらいいのかな、そういうネッチョリ感を伴う、でも**甘くてどこか華のある香り**がフッとして、「えっ、今……!?」ともう一度確認しようと思ったら、アルトっぽい香りやコク、アッサリさに隠れてもう見えなくなっている。なんだこれは、いつも明るいムードメーカーの先輩が私にだけチラリと見せるもうひとつの顔か？

愛がなければ視えないとは言ったけど、その愛が重すぎるパターンの可能性あるな。これはね、本格的な闇に触れすぎないよう、ほどほどの距離で付き合うに限ります。いやはや、酒と恋愛は一緒だね。深淵へ最後まで下りきるつもりがないなら、冗談半分で深入りせんのが賢明よ。私は**1リットルしっかり付き合った**結果、そろそろ前後不覚です……。

てイカサマ賭博とアコギな商売で金をむしる悪党だが、スピンオフ漫画『一日外出録ハンチョウ』が出るほどの人気キャラクター。

3　『一日外出録ハンチョウ』における名ナレーション「言わない……！　そんな無粋なことは……！」より。京都旅行をした大槻らは、寺田屋で「寺田屋事件の痕跡が生々しい」と喜ぶ観光客に遭遇。寺田屋は一度焼失して再建されているので生々しいも何もないのだが、大槻らはそれを指摘して水を差すような真似はしなかった。

安曇野の自然を活かした ストレートにうまいアルト 本職の要素は一切なし!?

何事もまずは一本軸をもってやる、ってのが大切で。VTuberも最初はあんまり手広くやらずに、いったん「コレだ」ってジャンルひとつに絞って続けた方がいいと思うんだよね。「コレだ」の探し方は別に遊戯王方式[1]でもいいんだけど。

で、軌道に乗ってきたら別ジャンルもやってみる。これもいきなり全然違うことやったら見てる側も困惑するかもしれんから、オーラ[2]と同じで隣接ジャンルから拡大するのがいいよね。ビールで考えればわかりやすいよ。ブルワリーがレストランを併設して肉料理を出す。ビールと肉料理の相性考えれば最高の組み合わせよね。あとは、日本酒の酒蔵がビールもやる。これも酒同士で相性がいいよね。それから、マシュマロ屋さんがビールを造るっていうのも——**マシュマロ屋さんがビール!?**

同じ飲食物とはいえにわかには連想できないけど、なんとこれは実在の組み合わせなんだよね。それが長野の穂高ブルワリー。一九五〇年代からマシュマロ作りを続けてきた株式会社エイワが、

長野県

穂高ブルワリー

穂高ビール アルト

DATA

アルコール度数:5.0%　容量:330ml
原材料：麦芽（ドイツ、オーストリア、その他製造）、ホップ（ドイツ、チェコ、長野県安曇野産）
製造：株式会社エイワ
安曇野市穂高北穂高 2845-7
https://www.eiwamm.co.jp/beer/

ハクノの味覚パラメータ

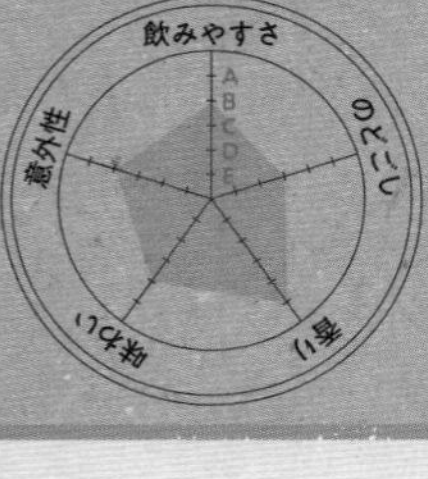

1　高橋和希による少年漫画「遊☆戯☆王」。気弱な高校生・武藤遊戯が、謎の「千年パズル」を解くことでもうひとつの人格を得、悪人とゲームで戦う物語。当初は毎回違ったゲームで敵と戦っていたのだが、その中でも読者から特に人気だった架空の対戦型カードゲーム「マジック&ウィザーズ」を物語の中心にしたことで人気が爆発した。カードゲームはのちに「遊☆戯☆王オフィシャルカードゲーム」として商品化され、今な

なんとビール醸造もやってるわけ。

マシュマロつまみにビール飲むでもあるまいけど、意外すぎて味が気になるね。というわけで、ここのアルトを飲んでみよう。滅びよ人類！

……ビビるくらい遊びがねぇ。**めっちゃ真面目なアルトビール**だ。

いや、正直失礼な想像しちゃってたよ。甘いマシュマロ作る仕事が本業だし、ちょっとマシュマロ方面に寄せて甘い副原料とか入れてみようかな〜、みたいなおふざけ心があるんじゃないかって。そんなことはなかった。真剣じゃないの。

口に含むと、少し香ばしい麦芽の匂いがスッと鼻に向かっていく。同時に感じるのは、舌でドンと感じられるアルト特有のうまさだね。ほんの若干だけど鉄分っぽさを含んだ舌触りに、カラメルを感じるほんのちょっとの甘み。熟成されたことによるのかな、重厚感のあるうま味やコク、そしてほのかな苦さ。だけどそれがしつこくありすぎず、**比較的サラッと喉の奥へと入って**いき、香りが口や鼻にふんわりと残り続ける。

えっ、どうしたん、おいしいマシュマロ製造してるときと表情がまるで違うやん。こういうのってだいたい「マシュマロに合うお酒を造ってみました」とかじゃないん？　本当にガッツリ肉料理を合わせる気しか起きない、アルトの見本みたいなビールだね。

いや、隣接する味のビールを出してくると思ってた私の認識を改めるべきだねこれは。世の中ギャップ萌えって言葉もあるし、色相環[3]で隣り合ってる色だけじゃなくて補色も入れた方がサムネも目立つし、こういう**真逆な活動を時に取り入れる**のが、この業界で生き残っていく秘訣ってことなのかもしれないね。

お世界的な人気を誇る。

2　冨樫義博による少年漫画『HUNTER × HUNTER』に登場する概念で、あらゆる生物がもつ生命エネルギー。六つの属性があり、誰でもどれかひとつは得意属性がある。他の属性を身に着けたい場合、得意属性に隣接する属性を選ぶと相性がよいとされる。

3　さまざまな色を環のように配置した図。色はそもそも光の波長であるが、その変化は連続的なものであり、似通った波長の色を隣同士並べていくことで、やがて最初の色に戻り環が完成する。近い色同士はグラデーション配色といい相性に優れるが、環の真逆にある「補色」と呼ばれる色同士をあえて組み合わせることで、互いを引き立たせ合うこともできる。

COLUMN

今酒コソコソ
噂話

味の違い、僕にわかるかなぁ？

なに読者諸君？「いつも第三のビールしか飲まないのに、クラフトビールの味なんかわかんない」だと？　それは味の物差しがまだないからだよ。逆に考えるんだ、「知ってる味と比較すればいいさ」と考えるんだ。

まずみんなが慣れ親しんだビール、第三でもいいよ、用意するでしょ。で、まずそれを飲む。で、対象のビールを続けて飲んでみるわけだ。これで「第三と比べてここが違うな」って気づけたら、違いがわかる酒クズへの道はもう始まってるん、だよね。

絶対音感ってあるじゃん。私も昔もってたんだけど、ピアノやめたの10代だからもう衰えちゃってさ。でもアレがないと音楽できないわけじゃないでしょ？　ビールも同じよ。飲んだだけで何がどううまいか一撃で言語化できる必要なんてない。「知ってる味とここが違うなぁ」、味の評価とは、つまりまったくそれでよいのだ。

その調子で何本も比較していけば、ある日基準の一杯目が不要になる。数多のビール経験が蓄積されて、立派な物差しが舌に刻まれるわけ。案外その日は遠くないから、まずは比較しながら飲んじゃおうぜ。

セゾン

フルーティかつスパイシーな複雑な香りが特徴なのが、フランス語で「季節」を意味する名をもつセゾン。ベルギー南部のワロンって地域で伝統的に造られていて、農閑期の冬から春のうちに醸造して夏の農作業の合間に水代わりに飲んでたことから「ファームハウス・エール」とも呼ぶそう。クラフトビールのひとつとして注目されて以来、世界中で造られているよ。

SAISON

世代を繋ぐビールは飲み口ライトで爽やかな乾いた喉を潤す逸品

みんなは、自分のやってる仕事を子どもにもやってほしいと自信もって言える？　私は嫌だね。[1]私がＶＴｕｂｅｒやってんのは、この現代において社会生活を人並に営む力がなかったうえに自己顕示欲までバカ強かったからよ。じゃなきゃこんな不安定で変な仕事やらんて。

明治から続く酒蔵とか、そういう立派で歴史ある稼業やってる方は、己の稼業に誇りをもってるだろうし、私と全然違う意見だろうね。どうだろ、ＶＴｕｂｅｒの歴史も二〇年三〇年と続いていけば、次世代にも勧めたい立派な職業になるんかな？

日本クラフトビールの歴史は一九九四年の酒税法改正からだから、業界の歴史は二〇二三年現在で三〇年いかないくらいだと思うんだけど。この業界にも、ボチボチ代替わりが起きてるみたいだね。

たとえば、兵庫県は神戸市のブルワリー、六甲ビール醸造所。ここはお父さんが脱サラして始めたブルワリーを息子さんが継いで現在に至るらしい。無論継いだってだけなら誰でもできるけど、

兵庫県

六甲ビール醸造所
六甲ビール セゾン

DATA
アルコール度数：5.0%
容量：350ml
原材料：麦芽（イギリス、ドイツ製造）、ホップ（外国産）、糖類
製造:有限会社アイエヌインターナショナル
神戸市北区有野町有野字森下 164-1
https://www.rokko-beer.com/

ハクノの味覚パラメータ

1　そもそも、「滅びよ人類！」っつってんだから積極的に出生に加担するわけないんだけど、あくまで仮に子どもがいたら、って前提の話ね。

2　鳥山明による少年漫画『ドラゴンボール』にて、孫悟飯がセルに対し放った必殺技。死亡した父親・孫悟空のビジョンが背後に立ち、悟飯と共にかめはめ波を放ったことで、強大な敵・セルは打ち破られた。

売り上げも爆伸ばししたってんだから立派なモンだよ。彼らに敬意を表しつつ、今回はその**親子かめはめ波みたい**[2]に強力なビール、「六甲ビール　セゾン」を頂いてみよう。滅びよ人類！

……なんちゅう爽やかなビールだ。

そもそもセゾンは特有のスッキリした飲み口をもってるモンだし、このビールもそう。まるで体に必要な栄養素かのように、軽みをもって**グングン身体に染み渡っていく**。たぶん毒喰らった刃牙[3]に飲ませるのがコレでもギリ復ッ活ッできたと思う。

なんだけど、飲みやすさの指向が「ビールじゃないみたい」的な感じではない。間違いなく麦とホップとでできた飲み物だし、だけど苦みとか少なくてサラッと入るし、麦の味がライトに楽しめる、ってところがいいのよ。

加えてこの爽やかさ、フレーバーに秘密があるね。麦らしい香ばしさとはまた全然違う、どこか果実を思わせるようなこのアッサリかつ香り高い……マスカットとか？　どこかそういうのを連想しちゃうこの匂いが、よりこのビールをゴクゴク飲ませてくる。

なんなら飲んだ後も、**口の中がちょっとだけスッとしたような感覚がある**もんね。ミントとか入ってるわけじゃなかろうに、どこか口がリセットされたようなこの感覚。最初から最後まで、スッキリ飲ませることに特化したようなビールだね。

これは特に夏とかいいかもね。一仕事終えた後の晩酌ってんじゃないな、アチアチの外で午後も仕事せにゃならん、でももういっちょ気合い入れたいよな、みたいなとき。まさに**コレを飲んだらもうひと踏ん張りできそう**だよ。……ＶＴｕｂｅｒやっててそんなときあるか？　そういう汗かかかない仕事だから子どもに継がせたくないと思っちゃうんかね。

3　漫画『バキ』において、毒の使い手である柳龍光の攻撃を受けた範馬刃牙は危うく命を落としかけるも、恋人の涙により「毒が裏返って」一命をとりとめる。とはいえガリガリに痩せこけてお世辞にも万全とはいえない刃牙に対し、かつて彼と拳を交えた中国拳法の達人・烈海王は大量の薬膳料理を振る舞ったうえ、最後に十四キロもの砂糖水を飲ませ、その結果刃牙は復活するに至った。

柑橘類のような香りとキレのあるのどこしを両立クラブに置いても間違いなし

東京じゃないのに「東京」って名前のものといえば、東京ドイツ村があるね。東京を名乗りつつ千葉にあってやってることはドイツってなると、どこにアイデンティティもって生きてるんかちょっと心配にならない？　一歩間違えば東京とかでもないでしょ、ド千葉よね。他にもそういうのあるのかなと思って調べたら、なんと香川県には「ホテル大東京」ってラブホがあるらしい。なんでよ！　四国は東京に隣接もしてねぇだろ！　いいじゃんホテル大香川を名乗ったら。福岡県民だったら地元大好きだから堂々と名乗るぞ。

さて、これから飲む「東京ホワイト」ってビールを造ってるブルワリー、ファーイーストブルーイング[1]も、本社は山梨県小菅《こすげ》村にある。とはいえこの村は東京の奥多摩と隣接してるし、奥多摩駅からバスも出てるから、**ほぼ生活圏的には東京**なんだって。なんなら水源確保のために東京が村の土地を一部買ってるらしいからね。この流れだとそろそろ県境変わるな。[2]

刻々と変化する東京の街のように、ビールのライブ感を楽しんでほしい。そんな思いから名付け

山梨県

Far Yeast Brewing
東京ホワイト

DATA

アルコール度数:5.0%　容量:330ml(瓶)
原材料:大麦麦芽（ドイツ、ベルギー、イギリス製造）、小麦麦芽（ドイツ製造）、ホップ（アメリカ産）、小麦（国内産）、糖類
製造：Far Yeast Brewing 株式会社
北都留郡小菅村 4341-1
https://faryeast.com/

ハクノの味覚パラメータ

1　本社は確かに山梨県だが、東京は五反田にも醸造所をもっているため、別に「東京全然関係ないじゃん」ということはないようだ。ただし「東京ホワイト」は山梨県で醸造されている。

2　は？

3　ディグダはゲーム「ポケットモンスター　赤・緑」から登場するモグラモチーフのポケモン。一方ウミディグダは「ポケットモンスター　ス

られたというこのビールを、まずは頂いてみよう。滅びよ人類！

――えっ、これビール!?　柑橘チューハイじゃなくて!?

パッと軽みのある柑橘の香りが、飲んだ瞬間口の中に広がるんだよね。それもオレンジとかレモンとかじゃない。晩白柚《ばんぺいゆ》とか系かな？　ガッツリ甘いとか酸っぱいとかじゃなくて、もう少しサッパリ穏やかな印象。セゾンってそういうビールとはいえ、**これで副原料に柑橘入ってない**のウソでしょって感じよね。ウミディグダがディグダのリージョンフォームじゃない[3]みたいな意味不明さを感じるわ。

それに加えて、味の苦みがかなり弱いのもいいよね。後味を慎重に探れば、グレープフルーツの皮みたいな苦みをちょっとだけ感じることができるかもしれないけど。これをいちいち捕まえて苦いと指摘するのは最早粗探しまであるよ。

で、ここまでは普通のセゾン。**ここからがマグマなんです**。[4]こういう「柑橘味がするんです」ってビール、だいたいすげぇ穏やかなのよ。味や香りはいいんだけど炭酸が弱くて、のどごしもそれほどみたいな。それはそれでおいしいビールのあり方なんだけど。

ところがコイツは柑橘だけじゃ飽き足らず、**のどごしまで取りにきてる**んだよね。細かな感触の炭酸がグイと喉を通り抜けて、しかも後味に若干キレがあるから、軽い飲み口で香りもいいのに飲みごたえがある。なんだか腹が空いてきて、つまみと一緒に何本でも飲めそうな気がしてくる。

メシと合わせるのもいいだろうし、単純にスッキリする飲み物としてオススメ。瓶でクラブにコレ置いてあったら絶対頼んじゃうね……。いや、東京では若者がクラブに集まってるみたいな雑イメージで語ったんじゃないぞ今のは。だいたい福岡にもクラブくらいあらぁ。[5]

カーレット・バイオレット」にて初登場のチンアナゴモチーフのポケモン。ポケモンは住む地方によって同種でも別の姿（リージョンフォーム）をとることがあるが、ウミディグダは収斂進化の結果たまたまディグダに似ただけの全く関係ないポケモンである。

4　なかやまきんに君のネタ「筋肉料理研究家・マグマ中山」より。スパゲティなどの普通の料理を持ってきたきんに君が、これでは普通の料理だと指摘し「ここからがマグマなんです」と調味料を取り出す。その後ボン・ジョヴィの「It's My Life」を流しながらポージングをした後、唐突に「ヤー！」と叫びながら調味料をブチまけるというネタ。

5　あるのはもちろん本当だけど、私は人生で二〜三回しか行ったことない。

SAISON

あの夏の日を思い出す……酸味とスパイシーさをしっかり締める能登の天然塩

二○一七年、日本でビールの定義が拡大されたらしいんだよね。全体の重量のうち五%以内なら、国が決めた範囲で「副原料」を入れてもビールを名乗ってよい、ということになったんだって。**VTuberも最近は実写パートに寛容よね。**[1]

副原料入りビールはここまでも取り上げたし、もう何が入っていても「そういうのもあるのか」[2]となりそうだな……と思ってたんだけど、「塩入りビール」と聞いたときはさすがに驚いたね。その塩入りビールを造ってるのが、石川県金沢市に四つもの店舗をもつブルワリー、オリエンタルブルーイング。彼らの造る、能登の天然塩を副原料にしたそのビールこそが「能登塩セゾン」だ。

でも……塩？　合うのかなビールと？　地元の特産品だからってなんでも入れちゃって、おいしい塩も使っちゃっていい[3]、ってノリじゃないよね？　少々の不安を感じながらも確かめてみるしかあるまいて。滅びよ人類！

石川県

オリエンタルブルーイング

能登塩セゾン

DATA

アルコール度数：5.0%
容量：330ml
原材料：麦芽（ドイツ製造）、ホップ（ドイツ、アメリカ産）、能登塩
製造：オリエンタルブルーイング株式会社
金沢市東町 32
http://www.orientalbrewing.com/

ハクノの味覚パラメータ

1　二〇一八年頃は「3Dのアバターをもち、かつキャラクターを完璧に演じている者でなければVTuberではない」と主張する者も少なからず存在した。

2　久住昌之原作、谷口ジロー作画によるグルメ漫画『孤独のグルメ』の主人公・井之頭五郎のセリフより。

……夏？　それもレゲエの夏じゃあないな。もっと波の音だけが聞こえるような、静かな砂浜だぞこの味は。

そもそもセゾンというビールのスタイルは夏っぽいんだよね。この特有の軽い飲み口がそう。サラッと身体に入ってくるこの感覚は、やはり暑い時期に飲《や》りたい一杯って感じ。

加えてこの**クセのあるスパイシーさ**。この爽やかフレーバーも夏を想起させるよね。ここはやや好みが分かれそうなポイントではあるかも。サウザシルバー[4]ってテキーラ飲んだことある？　アレをもう少し優しくしたような、柑橘を思わせる酸味と独特の香りがある。

でも、今挙げたような特徴だけなら普通のセゾンなんだよね。このビールの決定的な部分は、やっぱり塩なのよ。セゾンっぽい華やかな特徴が駆け抜けていった後、**クッと味を締めにくるソルティさ**は、そしてうっすらと、じんわりと口の中に残り続ける。

ちょっとこれ、存在しない記憶[5]が脳内に溢れ出してしまうな。夏にピルスナー飲んだときはさ、部活の仲間とみんなでビーチに行ってＢＢＱしました、って味するでしょ。その逆なんよね。中学生の夏に海辺の田舎町で過ごす機会があって、そこで仲良くなった子だ。

代わり映えのしない海をのんびり見ながらお話ししただけ。ひと夏のロマンスに発展するようなことは特に何もなかった。連絡先も交換してないから、その後どうしてるかなんて一ミリも知らない。けど、今思い返すとあれは恋だったな、という。

飲みやすくて爽やかなんだけど、同時にどこか切なくノスタルジックさもある。これはあの日のビールを思い出すような――いやそもそもあの頃は飲酒してないわ。そもそも私にそんな夏はねぇよ。**暑いからずっと家にいたわ**。

未成年のみなさんは一回り大人になってから飲むと、今のことをふと思い出すかもね。

3　日本のラッパーＬＥＸが二〇二一年に配信リリースした楽曲「なんでも言っちゃって」をサンプリング。

4　サウザ（スペイン語の発音ではサウサ）は一八七三年創業のメキシコのテキーラメーカー。日本でもサントリーが輸入元となっているため比較的気軽に購入できる。そのラインナップの中でも「サウザシルバー」はスパイシーさと柑橘系の酸味が特徴的な一本である。

5　芥見下々による少年漫画『呪術廻戦』では、経験していない過去が脳内に溢れ出す「存在しない記憶」という描写が話題になった。さまざまな考察がなされた結果、「存在しない記憶」という言葉自体がネットミーム化した。

SAISON

友のレシピを継承!!
ライチ風の香り漂う
すっきり飲めるセゾン

いわゆるコロナ禍の影響って、我々VTuberは幸運にもあんまり受けずに済んでると思うのよ。この稼業の基本は配信とか動画とかだし、人と人とで対面しなきゃ成立せん仕事じゃないからね。ま、私はマジで影響受けたけどな。[1]

とはいえほとんどの業界、特に個人でやってる飲食店なんかにとって、このたびの病気はマジでキツかったはずよね。この件に自己責任論当てはめる奴マジで嫌いなんだよな、こんな病気が流行すること予想して生活してる奴いなかっただろ。お前は天地が崩れて職場が消滅し無職になる心配して日々を過ごしてんのか。[2]

ともかくクラフトビール業界にも、この病気の影響はガッツリあったみたい。アメリカ・オレゴン州ポートランドにも、この禍で廃業せざるを得なくなったブルワリーがあったんだけど。その**レシピを受け継いで日本でビールを造った**、そんなブルワリーが群馬県に存在する。それがオクトワンブルーイング。

群馬県

OCTONE Brewing
カヤバ・セゾン

DATA
アルコール度数：5.5%
容量：330ml
原材料：大麦麦芽（外国製造）、小麦、ホップ、はちみつ
製造：合同会社オクトワン
利根郡みなかみ町湯原 702-2
https://oct-1.com/

ハクノの味覚パラメータ

1　二〇二二年の夏頃、筆者は案件を受け東京へ向かい、そこでコロナに感染した。幸いワクチンのお陰か命に別状はなかったが、当時宿泊していた上野の格安ホテルは絶望的にベッドが硬く、またゴキブリが日に何匹も出現するマジで終わった環境だったので、そちらが本当にキツかった。

2　「杞憂」の故事より……とはいえ特にこの稼業だと、天地が崩れる可能性わりとあんだよな。我々業界人がそれここのセゾン、その名も「カヤバ・セゾン」がまさにそれで、若干の変更を加えつつもベースは元のレシピのままらしい。かつての友から受け継いだ力で戦うって、ガッシュ[3]の終盤みたいな展開でアツいよね。シン級の威力があるのか、早速飲んでみよう。滅びよ人類！

——ライチ、ラライチ、ラララライチ[4]……！

いや驚いたな、セゾンのフルーティな香りをライチにたとえる人がいるのは知ってたけど。ここまで明確に「ライチっぽい！」って思わされたことはなかったね今まで。

そもそも鼻を近づけた時点で、かなり**甘くてスッキリなライチ香**が漂ってるんだよね。それで期待に胸躍らせつつ口に含んでみると、でもそこは意外とちゃんと麦から生まれたお酒してるのよ。さほど重くないながらも麦のうま味がしっかりと出ていてビールらしさがある。そしてこの味を落ち着いて探っていくと、ウーロン茶多めなピーチウーロンにおけるピーチリキュールのように、うっすらとライチ的な甘み、そして香りが存在することに気づかされるわけだ。

もうこれは、そういう果汁入りビールじゃないのか？　副原料で入ってんのはライチじゃなくてはちみつらしいけど、別にはちみつ的甘さってわけでもないし、不思議な話だよ。**ゴクゴクと飲めるうま味しっかりなビール**に、たまにはこういうのもいいよね、って言いながらほんのちょっと、ジュース飲んでるみたいにならないようなギリギリの香り付けとして、ライチの果汁を入れました。そんなうまさに思えるね。

普段飲むビールをよりおいしく前進させた、とでもいうべきか、おいしくて、かつ知っている味。**ハリウッドのシナリオ術**みたいな間違いないおいしさで、クラフトビール慣れしてない人にもすぐ勧められそうだね。

に備えるのは大事だけど、サンドバッグ探しに躍起になってるだけの奴がしゃしゃってきて外からヤイヤイ言うのは違うと思うわ。

3　雷句誠による漫画『金色のガッシュ!!』。魔界の王を決める千年に一度の戦いを描いた物語で、主人公のガッシュを含む百人の子どもたちが人間界へやって来て、人間をパートナーに戦いを繰り広げる。友情の力が突破口となる展開が非常に多い。

4　東京グランギニョルによる演劇『ライチ光クラブ』を原作とした古屋兎丸による漫画『ライチ☆光クラブ』に繰り返し登場するセリフ。帝王・ゼラを中心に集まった九人の少年グループ「光クラブ」が、ライチを動力とする人造人間・ライチを完成させ、ある目的を果たそうとする物語。サブカル勢を中心に熱狂的なファンが多い。

SAISON

元ビジネスマンが造る味わいまろやかなセゾン チームプレイはお手の物

ビール苦手な方のうち多くがそうであるように、私はかつてビールについてこう思っていた。

「なんか瓶やピッチャーで運ばれてきて、先輩が飲ませてくる苦いやつ」だと。

だけども飲《や》る気スイッチ[1]ってのは、ある日突然入るもんだ。**私にとって運命の日**は、ある夜、部活動[2]でクタクタになり向かった店。キンキンに冷えたジョッキビールが異様に身体へ染みて、初めて「うまい」と明確に思って……あの日がなければ私は今コレを書いていないかもしれない。何が起こるかわからんな人生は。

こうやってある日突然ビールと運命が交わる人というのは、世の中意外といるみたい。奈良県のブルワリー、大和酒造で働く方々がそうだね。ここはあの近鉄グループが二〇二〇年にスタートした醸造所で、その立ち上げメンバーは、それまで**スーツで仕事してたビジネスマン**だったたってのが驚きだよ。ラガーマン[3]やった経験はあったみたいだけど、それが急に醸造家かぁ、マジで何が起こるかわからんな人生は。

奈良県

大和醸造
はじまりの音 セゾン

DATA
アルコール度数：6.0%
容量：330ml
原材料：大麦麦芽、小麦麦芽（以上ドイツ製造）、ホップ（イギリス、ドイツ産）
製造：株式会社近鉄リテーリング
奈良市東向中町6
https://yamato-brewery.com/

ハクノの味覚パラメータ

1 個別指導の学習塾・スクールIEのCMフレーズより。子ども一人ひとり違う位置にある勉学への「やる気スイッチ」を、塾講師が一生懸命探してオンにする、という内容。ちなみに脳科学によると、不合理なことに「やり始めないとやる気スイッチはオンにならない」らしい。

2 大学時代、筆者は演劇部に所属していた。ちなみにここで「自分には才能がある」と勘違いし、そのわりに力を今回はそんな大和醸造の「はじまりの音　セゾン」を飲んでみよう。滅びよ人類！

――ウオッ、ひょっとして近鉄ってめっちゃいい職場だったりする？

口に含めばまずやってくるのは、セゾンの特徴ともいえるフルーティな香り。どこか瑞々しくてスッキリした甘さ、そこにちょっと酸味もあるかな。同時に、舌にピリッとくるようなスパイシーさも含まれていると思う。

それらの要素を広～く抱きしめているのが、小麦の香りよ。これが**味わい全体をまろやかに、**調和のとれたものにしている。チームの誰かが突出しすぎてバランス崩れないように、この小麦さんが上手いこと調整役になってるのかもしれないね。

同時に驚くのは、このビールがまったり系すぎないことね。こういう小麦とか入ってるビールだと、リラックスしたいときに飲むような用途に終始しちゃって、他のものとは別に相性よくないってパターンもしばしば有り得るじゃん。そうじゃないわけ。いかにもビールって感じの苦みも少々、そして**麦のもつうまさ**、そういったものがちゃんと下から支えてくれていることに、飲んでいけば自然と気づけるわけだよ。

すごいな、メリハリのありすぎる職場か？　残業とかもあんまりないしデカい声出して空気悪くしたりもしない、一見穏やかな労働環境なんだけど、それは全員がプロ意識を強くもった職場だから。そんなビジョンが見える味だね。

こういうトコなら、それこそビール嫌いを生む飲み会でのアルハラとか起こらないかもしれないな。ぜひ今後も職場は風通しよく、みんながビールを好きになれる商品を開発していただきたいものだね。

試して正しい実力を確認するのが怖かった筆者は、部活動へ変にのめり込み大学を五年かけて卒業、その後就職もせずフラフラとアマチュア演劇を続けることになる。

3　ラグビー選手のこと。学生時代ラグビーやってた人ってマジで体格いいし体力エグいんだよな。昔働いてた雀荘の常連オヤジがまさに元ラガーマンで、ひと晩打っててもまったく疲労をみせんのよね。その上マナー悪いもんだから始末に負えんかったよ。

SAISON

柑橘より先に米!? 腕一本で成長した醸造所の先入観を捨てさせる一本

高校生の頃だったかな、落語を聴きに行ったことがあるのね。そのとき、米朝一門の誰かだったんだけど、こんなことを言ってた。「落語家と申しますのは、舞台袖から座布団の上まで歩く体力があれば続けられる、気楽な商売でございます」と。努力アピール持ち込むとオモロ純度[1]が下がるからしょうがないけど、謙遜がすぎるよね。

まぁ、落語家の方々と一緒にしちゃ失礼かもしんないけど、身ひとつの商売が気楽なのは間違いないよね。VTuberだって、配信用の機材とそれを置くスペースがあればできるわけだから、極狭物件住まいでもできるし。

それ考えたら、ビール造りなんか物理的に大変だろうね。まず広い場所がいるでしょ、そこに工場を建てて機材を持ち込んで……えっ、広さは関係ない? **九坪の建物からビール造り始めたブルワリー**[2]があんの? ヤバいな、常連が入ったら全席埋まる街の居酒屋[3]やん。

それは島根県にあるブルワリー、その名も石見麦酒。小さな醸造所をビール一本で成長させてき

島根県

石見麦酒
セゾン 778

DATA
アルコール度数:4.5%　容量:330ml
原材料:麦芽(ドイツ製造)、米(島根県産)、ホップ(ニュージーランド産)、八朔(島根県産)
製造:株式会社石見麦酒
江津市桜江町長谷 2696
http://www.iwami-bakushu.com/

ハクノの味覚パラメータ

1　オモロいものとして発信しているものから、オモロ以外をどれだけ排除できているかという、筆者が勝手に命名した指標。たとえば「実は超努力している」「売れなければ今年で引退」「メチャクチャ美形」といった情報は、受け手側に「応援しなきゃ」というオモロ以外の感情を想起させるため、オモロ純度が下がる。

2　現在は移転している。

3　ちなみに筆者は陰キャな

たその叩き上げっぷりは、同じく叩き上げVの私からしても好感がもてるね。今回は地元のハッサクを使ったというセゾン「セゾン778」を頂くとしよう。滅びよ人類！

……えっいや米ェ！　このパターンでハッサク先生[4]より米が主張してることあるの？

口に入れた瞬間は、まだ「セゾンらしい軽みをもった飲み口だな」としか思わないんだけど。その次の瞬間、どこか懐かしい豊かな甘みとうま味を伴った香りが口じゅうをワッと満たしていくのね。

コイツ何モン？　って数秒考えてようやく理解する。米だねこれは。ビールに副原料として米入れる例はクラフトビール界でもそれなりにあるんだけど、この目立ち方はさすがにハッサクより先に「米が入ってます！」って売った方がいいんじゃないのか？

でもその米感が落ち着くと、そこに**ようやくフワッと柑橘感が出てくる**わけだ。このハッサクのもつ柑橘感ってのはわりと独特だね。瑞々しさとか酸味とかじゃない、どこか柔らかみもあるんだけど、なおかつサッパリ感も同時にもっているという。ハッサクに対して「爪に皮入りがち」くらいのイメージしかもってなかったんだけど、こりゃ悪くないかもね。そんで後味には、そのハッサク的サッパリ感と米のうま味が同時に残っていく。

いや、柑橘味ビールだという先入観をもって飲んじゃったから、**思ってたような味とは全然違うヤツ**が来てびっくりしちゃったんだけど、これはこれでアリだね。カウンター席だけの知らないラーメン屋さんに入ってみたら、出てきたのが醤油ラーメンで[5]びっくりしたんだけどちゃんとウマかったな、みたいな。知らない店入って事故るリスクばかり見るんじゃなくて、今後はアタリだったときのメリットにも目を向けるべきかもな。

ので、こういう居酒屋を見ると「店主と常連だけで世界ができあがってて注文ひとつするにも疎外感覚えそうやな〜」と感じ、入るのを躊躇する。

4　ゲーム「ポケットモンスター　スカーレット・バイオレット」に登場する美術教師兼ドラゴン使いの四天王。ロン毛を含めどこか金八先生を想起させる中年男性で、生徒思いのいい教師であるのだが、感情を表に出しすぎてやかましいのが玉に瑕。

5　事前に確認して入れよと思われるかもしれないが、筆者の住む福岡では基本的に「ラーメン」とは「豚骨ラーメン」を指し、またラーメン店のほとんどが豚骨ラーメン屋である。

今酒ハクノは芸人なの？

喋りがおもしろいと評判のVって、たいてい前世が声優だったりお笑い芸人だったりするモンだけど。私は声優でも芸人でもない、ただのアマチュア役者だったよ。

ただ、芸人の影響はマジで受けまくった。私は生来の陰キャで、そもそも喋りがメチャクチャ苦手だったわけ。そんな自分を変えたくて、10代の頃にお笑い芸人の喋り方を徹底的に真似したんだよね。どういう順番で、どういう節回しで話したらおもしろいのか。録画したビデオ見ながら、何度も何度も。

結果として陰キャは治らなかったけど、トークスキルだけは若干改善したよ。ただ副作用として半端に関西弁や広島弁が移ってしまって、エセ方言やメチャクチャなイントネーションが今でも出まくるんだよな。なんとかならんかねコレだけは。

配信者の教材としてオススメの番組なんだけど、千鳥の「相席食堂」だね。ネットでバズった回だけ知ってる人も多いだろうけど、アレたいていゲストじゃなくて千鳥のツッコミがおもしろいのよ。「こんな何でもないシーンをツッコミひとつでこんなおもしろくできるの？」って、メチャクチャ勉強になるね。

私の妹は
M-1予選に何度か
チャレンジしてるよ

BARLEY WINE

バーレイワイン

半年から数年ものとんでもない時間をかけて熟成させ、10%前後の高アルコール度数にした、まるで大麦のワインのようなビール。ブドウ栽培が難しい寒冷地でワイン代わりに醸造してたとも言われてるらしい。原材料もたっぷりブチ込むし、管理コストもえらくかかるから、日本でレギュラー品として扱ってるブルワリーは多くなくて、高級志向なものも多い。

BARLEY WINE

日本クラフトビール界のトップランナーが届ける「素敵な日」に飲みたいビール

最近は若者もビール離れしてて、ビールは苦いから飲まないよという子も多いらしいね。確かに日本で一般に売られてるビールってソウルライク[1]みたいなモンで、「あっ、これイイな」って思えるのにちょっと時間かかるもんね。好きになる前に理不尽な目に遭って[2]、その時点で「もういいや」ってなる人もいる点まで含めて同じだ。

そんなビール苦手系若者を、最もビール沼へ沈めたブルワリーはどこか？　って問われたら、わりとマジでヤッホーブルーイングなんじゃないかと思うんだよね。長野県でクラフトビールを造っているこの会社は、大手四社とオリオンに次いで、日本で六番目の売り上げをもってるらしい。つまりクラフトビール界じゃ一番ってことよね。

よなよなエール、水曜日のネコ、僕ビール君ビール……コンビニやスーパーで買ったこういうビールがキッカケで、ビール好きになった子も多いんじゃないかな。今回はそういうコンビニでも買えるメジャーどころじゃなくて、**あえてのバーレイワイン**。「ハレの日仙人」を頂いてみましょ

長野県

ヤッホーブルーイング

ハレの日仙人（2020 年仕込み版）

※現在はハレの日仙人 2021 販売中（数量限定）

DATA

アルコール度数：10.5%　容量：750ml
原材料：大麦麦芽（外国製造または国内製造〈5%未満〉）、小麦麦芽（外国製造）、ホップ（アメリカ産）
製造：株式会社ヤッホーブルーイング
軽井沢町長倉 2148
https://yonasato.com/

ハクノの味覚パラメータ

1　コンピュータゲームのサブジャンルのひとつ。明確な定義はないが、フロム・ソフトウェア制作の「デモンズソウル」「ダークソウル」などに影響を受けた、暗い世界観のアクションRPGで、強烈な難易度のボスとそれをクリアしたときの達成感を売りにしていることが多い。

2　飲みたくないのに嫌な先輩や上司から強制されたりね。みんなは飲ませる側になるのはよしなよ。

う。滅びよ人類！

……うおォッ、なんちゅう重さだ！

アルコール度数が高いからってのもあるだろうけど、それだけじゃ説明つかないねこれは。非常に穏やかな炭酸が舌に触れた瞬間、「あっ、これはグイグイいくような飲み物じゃないんだな」と心が理解して[3]、真剣に向き合う態勢が整う。で、舌でこれを恐る恐る転がしてみると、ようやっとわかるわけよ、ビールって「**熟してんな**」って感じることあるんだって。

まず舌触りが若干なめらかで、なおかつちょっぴりカラメルみたいな香りもせんことはない。ただそれよりも特筆すべきは、枯れた印象もあるのにハッキリとした甘さと酸味、そして圧倒的なコクよ。

以前シェリー酒の樽で熟成させたラム酒ってやつ飲んだことあるんだけど、アレ飲んだときに感覚が近いかも。干しブドウとかそういうドライフルーツ的な凝縮された甘みや酸味を、そのままドーンってぶつけるんじゃなくて、ゆった〜りと、しかし確実に届けてこようとしている。**こんな繊細な飲み物だったんかビール**って。

コレは確かに、ちょっと風呂あがりに飲んでやろうかなって感じのビールじゃないな。ハレの日に飲むというか、「何月何日は素敵な日だから、満を持してこのビールを飲んじゃうぞ」という明確な目的意識をもって、前日の晩くらいから体調を整えたうえで、**落ち着いた環境を作って楽しみたい味**だよ。

ビールはギンギンに冷やしてガハガハ飲むモンだと思ってる人は混乱するかもしれないけど、飲んだら確実に世界は広がるだろうね。試してみるといいかも。

3　漫画『ジョジョの奇妙な冒険』第五部の敵キャラクター、ペッシのセリフが元ネタ。ペッシはギャングでありながら「ママっ子（マンモーニ）」と呼ばれるほどの弱虫であったが、命をかけてもターゲットを逃がさない兄貴分・プロシュートの生きざまを見たことで、ギャングのもつべき覚悟を「言葉」でなく「心」で理解することになる。このエピソードにちなみ、ジョジョラーはしっかり理解できたことを「『心』で理解できた」と表現しがち。

BARLEY WINE

名前はイカツいのに飲み口は繊細!? アルコール度数には要注意

昔から日本酒を造ってる酒蔵さんがビールも造ることにしたよ、ってパターンのブルワリーはそれなりにあるし、同じ酒造りだからイメージもしやすいじゃん。じゃあ、工業設備のメーカーがビールも造ることにしましたよ、ってのはどう？ 森君[1]に匹敵するまさかの別業種っぷりよね。

その驚くべきブルワリーは、佐賀県に存在する。幕末の佐賀藩が所持しており、また製造したとも言われている兵器、ネオアームストロングサイクロンジェットアームストロング砲[2]……じゃないわ、アームストロング砲から名前を取って、その名も佐賀アームストロング醸造所。

ただこれ、「変わった異業種参入だなぁ」では済まされない気合いの入りようで。佐賀でやるんだから使うのは佐賀の麦。醸造プラントの生産設備も造っているから発酵にも詳しい。しかも本職だから、熟成用のタンクまで自分たちで用意しちゃってるわけだ。**DIY精神がすごい。**

では、ここのモノづくり精神に満ちたバーレイワイン——いや瓶の見た目イカツっ！ バーレイ

佐賀県

佐賀アームストロング醸造所
Sagan Salute
ストロングバーレー

DATA
アルコール度数：10.0%
容量：750ml
原材料：麦芽（佐賀県製造）、ホップ、カラギナン
製造：コトブキテクレックス株式会社
佐賀市諸富徳富 159-1
https://www.facebook.com/SAGA.Armstrongbrewing/

ハクノの味覚パラメータ

1　ジャニーズ事務所に所属していた元アイドル、森且行。一九九一年から二〇一六年まで活動した国民的男性アイドルグループ・SMAPに所属していた。一九九六年、オートレーサーになるため芸能界を引退するという衝撃の転身を果たした。

2　空知英秋による〝SF人情なんちゃって時代劇コメディー〟漫画（ギャグ漫画）『銀魂』に登場する謎の兵器。主人公の銀時らが雪像として

じゃないマジワインが入るやつやんこれは――「サガン・サリュート・ストロングバーレー」、どんなイカツい味なのか、頂くとしよう。滅びよ人類！

……嘘だろ、大砲と見せかけて暗殺向けの小型銃やん。

見た目からするとズッシリ重そうだし、飲んでみて実際その印象はまったくの間違いではないと思うんだよね。香ばしい焙煎したような麦の香りがブワッと立ち上ると同時に、どこかブドウを思わせるような**濃く深みをもった味が口の中に広がる**。加えてどこか奥の方にちょっとだけバナナめいた熟成された甘さもあったりして、かなり複雑なんだよな。さすがは熟成されたバーレイワインだなと感じるところだよ。

なんだけど、飲んでたらともに気づくのが、別に酒臭さってのがない点なんだよな。アルコール度数九％のストロング系缶チューハイ[3]であれだけアルコール臭いのに、それを超えた一〇％。それがただ深みや複雑な味だけを提供していて、**度数の高さを感じさせない**って驚くべきことじゃない？ うわぁ深くてうまいなぁ、なんて思ってるうちに、一〇％の重みがドカンと脳に突き刺さって、気づいたらガンガンに酔っている。まるで気づかないうちに背後へ回られ、首元にナイフを当てられているような感じだよ。

これはアレだね、ビール界の陽動作戦だ。まず正面から大量の大砲を持ち出して、この威力で前線を崩壊させちまうわけだな。そうすると相手は、目の前の大砲を何とかするしかなくなっちゃうでしょ。そうして兵力が正面に集中しまくってるところで背後からアサシンがそっと近づいて、総大将をドスンよ。どうやら優秀な参謀が佐賀にはいるっぽいな。デカ瓶しかないから下戸の人は注意だけど、**一度この策略に引っかかってみるのはアリ**だよ。

再現していたのだが、その見た目があまりにもここではコメントしづらいアレな形状であったため、盛大にツッコミが入れられた。

3 「氷結ストロング」や「ストロングゼロ」に代表される、アルコール度数九％の缶チューハイ群。たった一本飲むだけで手軽にベロ酔いできるということで注目された。一時期の缶チューハイ業界はいかにおいしい九％を出すかということで競い合っており、インターネットでも九％の缶チューハイを飲まざるを得ない悲哀を描いた「ストロングゼロ文学」などが流行した。二〇二三年現在は各社および消費者も「やりすぎた」と感じたのか、缶チューハイ業界の主戦場は七％になっている。

BARLEY WINE

その甘酸っぱさはまるで熟成したフルーツのよう酒も人も時間が成長させる

我々ジョジョラーにとって、宮城県仙台市ってのは聖地なんだよね。作者である荒木飛呂彦[1]先生の出身地であるのは当然として、第四部と第八部の舞台である杜王町もここがモデルとされてるんだよな。もはや崇拝しかない。この場所に「神殿」を建てよう。[2]

ちなみに私は第四部がジョジョでいちばん好きなんだけど、その中でもトップレベルに好きなのが「イタリア料理を食べに行こう」[3]の回なんだよね。私の食レポに原点があるとしたらそれは億泰だし、彼を超越する食レポをするにはどうすればいいか、私は日々考えていると申し上げても過言じゃあないだろうね。

となればもう、その**聖なる地である仙台のクラフトビール**を飲んで、その味を言葉で表現するしかねぇよなアーッ。というわけで今回飲むのは、M県S市[4]のブルワリー、穀町《こくちょう》ビールのバーレイワイン、その名も「穀町エール⑩」。名前の通りアルコール一〇%の、バーレイワインらしいなかなか高度数なビールだね。血管から注射するん[5]じゃあなくて、口からこのビールを味わって

宮城県

穀町ビール

穀町エール⑩

DATA

アルコール度数：10.0%
容量：330ml
原材料：麦芽（イギリス製造）、モルトエキス、蜂蜜、砂糖、ホップ（イギリス産）
製造：穀町ビール
仙台市若林区石名坂 34
https://graintownbrewery.com/

ハクノの味覚パラメータ

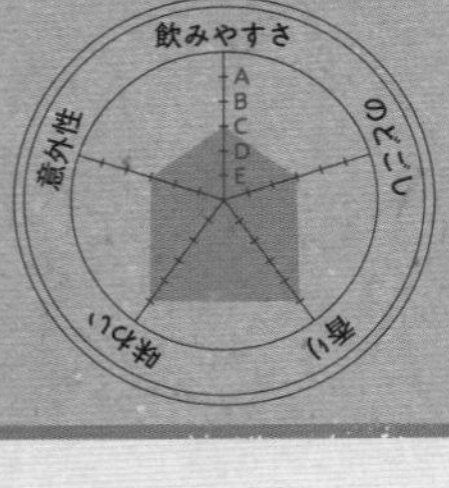

1　日本の漫画家。代表作『ジョジョの奇妙な冒険』はインターネットにおいても大人気で、「だが断る」をはじめとしたセリフの数々はネットミームとして定着している。また顔が異様に老けないことでも有名で、作中登場人物になぞらえて「石仮面を被っている」「吸血鬼になっている」「波紋使いである」などと言われることもしばしば。

2　第七部のラスボス的存在、ファニー・ヴァレンタインの

みよう。滅びよ人類！

——えっ!?　こんなんもう、仗助のママになっちゃうやん。

まず飲んで感じるのは、スタウトやポーターといったビールでも感じるような、焙煎されたような**深い香ばしさ**だと思う。鼻にその焦がれた感じが抜けていき、舌にも苦甘いその感触がどこか残る。この時点でもうある程度満足いく味ではあるんだけど、それで終わらない、そこからまだ先があるのがこのビールの恐ろしさよ。

舌の上に置いて味を確かめているとバチバチとその存在感を発揮し始めるのが、まるで樽にでも入れてたような、およそビールからするとは想像できん、甘酸っぱい洋酒的な味わいなわけよ。フルーティってんじゃないよ、**フルーツを熟成させた味**がするわけ。

これはアレだね、第二部と第三部のジョセフを比較したときの味わいの違いだね。第二部のジョセフは生意気だけど頭のキレる若造であるのに対して、第三部のジョセフは若いイタズラなところを残しつつも、昔からもってた抜け目のなさが年取った分磨きかかってるでしょ。このビールもそれと同じよ。フルーツみたいな味はするんだけど、それは搾りたての瑞々しさじゃない。果実由来でありながら、それが長い時を経て深みやボディ感という別の魅力をゲットしている、早い話がいい歳の取り方をしてるわけだ。

いやこれは、六五歳のおじいに惚れた仗助母みたいになるやん。この熟成具合からじゃあないと出ない魅力があるよこれは。公式サイトではソーダ割りも勧められてて「そんなに必要か？」とも思ったけど、少し納得といったところか。この**荒木絵にも近い濃厚さ**、引かずに素直に一度触れてみてほしいね。

セリフ。作中で奪い合いの対象となっていた「聖人の遺体」をすべて集めてしまったヴァレンタインが、その圧倒的な力を前に気持ちが昂ってこのセリフを発する。

3　第四部における人気エピソードのひとつで、仗助とその友人・億泰が、謎のイタリア人が経営するレストランで食事をする回。料理を食べた億泰は「目がしぼむほど涙が出る」「歯が抜けて生え変わる」などの異常な体調変化を起こす。明らかに奇妙なこの料理を作った男の正体は……？　という内容。ちなみにバカキャラのはずの億泰が食レポのときだけ語彙が炸裂することでも有名。

4　宮城県仙台市の「ジョジョ」における表記。

5　無理や、案の定スペースが足りん！　ジョジョを読んでくれ！

BARLEY WINE

出雲から世界を狙う！バナナの香り濃厚な親しみやすいバーレイワイン

島根県

Izumo Brewing Co.

IZUMO BARLEY

DATA

アルコール度数:8.0%　容量:330ml
原材料：麦芽（イギリスまたはドイツ製造）、ホップ（ニュージーランド産）、カラギナン
製造：Izumo Brewing 株式会社
出雲市今市町 703-1
https://www.izumobrewing.com/

ハクノの味覚パラメータ

ビールといえば「とりあえず生」[1]ってフレーズがよく知られてるじゃん。その是非に関してはおいておくけど、「とりあえず」って言われるくらい大手のビールは浸透してるってことよね。

さて、VTuberやるならどっちがいい？　広くに受け入れられるけども、つけっぱなしのテレビみたく無難な温度感でご愛顧いただく存在になりたいか。それとも大手に比べりゃあんまり多くのファンがいるとは言えんのだけど、一人ひとりの熱量がエグいパターンの愛され方をしたいか。どちらもメリットデメリットあるし、難しい問題じゃよね。[2] こういう稼業やるならどちらが本当の望みかちゃんと己に問うた方がいいんだけど……ここはビール界の個人勢、クラフトビールのブルワリーさんに問うてみよう。島根県のイズモ ブルーイング カンパニーさん、**どっちがいいと思います？**

……両方かァ～ッ！　世界中で当たり前に飲まれたい、でも「とりあえず」でなく「これが

1　飲み屋に行った際、一杯目はとりあえず全員生ビールを注文し乾杯するという風潮。ビールは提供が早く、全員が同じ注文をすれば幹事も店側もスムーズに進行できるため、サッサと乾杯するためにはある程度合理的なシステム。知ったこっちゃないから好きなドリンクを飲ませろというのもまぁわかる。

2　「バーチャルのじゃロリ狐娘YouTuberおじさん」ことねこますの名台詞。

好き」と言われたい。公式サイトにはその両方の望みが書かれてるね。そりゃそうか、両方満たせるならその方がいいわな。というわけで、ちょっと欲張りなこのブルワリーのバーレイワイン、「IZUMO　BARLEY」を飲んでみよう。滅びよ人類！

……えっ、このビール、CV：諏訪部順一[3]か……？

これを飲んだ瞬間目の前にかなり明確に浮かび上がるビジョンは、完熟バナナだね。バナナみたいな香りがするビールといえばヴァイツェンがあるけど、そういうレベルじゃない。香りと味、どちらを取っても「**いやもうバナナを直接入れたんか**」という段階。なんならちょっと火を入れたんじゃないか？　というくらい甘さが際立ってるね。

そしてこれを飲み込むと、後から酸味、そしてちょっと砂糖を焦がしたようなカラメルっぽい香り、ついでにほんのわずかな鉄っぽさも立ち上ってくる。これだけ複雑な味が同時に襲撃してくるのに、その中に紛れててもおかしくないビール的な苦みはほとんど感じられなくて、もう麦を使っているだけのまったく別の飲み物だと理解した方がいいね。

とはいえこのビール、驚きなのがこれでいて飲みやすいという点よ。バーレイワインってただでさえ度数が一般的なビールより高めだし、この耳元で囁かれたらどうにかなるんじゃないかってくらいのネットリ具合でしょ。下手すると極端にアルコール感あるとか、重すぎて飲みにくいみたいなこと起こりそうなモンなのよ。これがなんと、**味はずっしりながら飲み口はスッ**といける。

満足感と親しみやすさを同居させたこのパフォーマンス。なるほど、確かにこれならば世界に通用するかもしれん。いいな、**私もそうなりてぇよ**。まず中国語と英語[4]覚えるところからかな。

二〇一八年初頭に活躍した「バーチャル四天王」のひとりで、見た目は和装狐耳少女だが、声は演技やボイスチェンジャーなど一切なくありのままのおじさんボイス。そのギャップが当時は非常に珍しく受け取られ、これが拡散されたことはＶＴｕｂｅｒ業界の認知度に大きく貢献した。

3　CVとは「キャラクターボイス」の略で、そのキャラの担当声優を意味する。また諏訪部順一は、日本の男性声優。低音イケボで知られており、「テニスの王子様」跡部景吾、「Fate/stay night」アーチャー、「呪術廻戦」両面宿儺などを担当している。

4　中国語圏と英語圏のリスナーを獲得したことによって、ファン層を拡大した例は少なくない。ただしどちらも多くの文化的タブーを気にせねばならず、大変そうではある。

BARLEY WINE

初体験すぎる味わい!? 超異質なビールを造る底知れない大分のブルワリー

大分県に自分らで計画立てて旅行したことが、私は人生で一度だけあるね。当時付き合ってた人と温泉旅行に行こうって話になって……んだよ、私に昔付き合ってた人がいたら悪いんかよ、さてはユニコーンだなオメー。[1]

しかしアレだね、**大分県にはのんびりした印象がある**ね。何駅だったかな、駅に自動改札機も券売機もなくてさ、窓口行って切符買うシステムだったんだけど。駅員さんの仕事がマジでゆっくりで、乗るはずだった電車が行っちゃったんだよね。とにかく次に乗るから切符をくれって頼んだんだけど、そしたらこう返された。「次の電車は三〇分後ですから、その直前でお買いになっては?」って。さすがにデカい声を出してしまったよ。[2]

現代社会のスピード感とのんびりはそぐわないかもしれんけど、クラフトビールはのんびりした場所の方がおいしくなりそうだよね。たとえば大分県のブルワリー、モンキーマウンテンだ。大分県の有名観光地・高崎山をイメージした名前の小さな醸造所。ここが造っているバーレイワインは、

大分県

モンキーマウンテン
バーレイワイン

DATA
アルコール度数：12.0%
容量：330ml
原材料:麦芽（イギリス、ドイツ製造）、ホップ（アメリカ産）、リンゴ（国内産）
製造:株式会社 MONKEY MOUNTAIN
大分市府内町2-4-15 若竹ビル105
https://www.monkeybeer.co.jp/

ハクノの味覚パラメータ

1　漫画『ポプテピピック』におけるポプ子のセリフ「さてはアンチだなオメー」が元ネタ。落ち込んでいる人にポプテピピックを読むことを勧めた結果「つまんね」と一蹴され、このセリフを発した。なおユニコーンとはネットスラングで「推しが処女ではないとわかるやいなや反転アンチ化するヤバいオタク」を指す。

2　九%の缶チューハイばっか飲んでたことからもわかると思うけど、せっかちなんだ

いったいどんな味だろう。滅びよ人類！

……ッあ!?　スモーキーなもずく酢!?

ビールは人生で何杯も飲んできたし、[3] この本のために何本もクラフトビールを空けてきたけど、こんな混乱したことないぞ私は。**本来ビールからは絶対にするはずのない味**がしてるやん。バーレイワイン全体で見てもかなり異質だよこれは。

飲んだ瞬間にまず気づくのは、まるで燻製したみたいなこの香り。確かに薫香のするビールってのもそこそこ珍しいんだけど、これだけならひとつも例がないわけじゃないよね。で、それよりも衝撃を受けるのが、この圧倒的な酸味よ。ビールから若干の酸味がすることはたまーにあるんだけど、ここまでガッツリとパワフルに酸っぱさを前面に出している例は、私の記憶じゃこれが唯一の例だね。ただその中にもうっすら甘みがあって、これがまた事態を複雑にしてるわけだ。

何なのよコレ、ビールっぽい苦みは全然なくて、**めっちゃ酸っぱいのにちょっと甘い**。マジで知らないビールの味であるはずなのに、どこかで味わったことがある。これはねぇ、信じられないんだけど、もずく酢なのよ。そう、あの海で採れる、細くて麺みたいになってるやつ。それの味がビール飲んでする!?　人生でその角度から襲われることあるなんて想定したことなかったよ。葦名城の屍に乗った忍び[4]に匹敵するねこのエグい奇襲は。リンゴを副原料として利用してるみたいだし、ひょっとしたらそれが関係してるのかもしれないけど、だとしてもこうなるのか!?

いや、大分ビール旅でのんびり癒されるはずが、まさか新たな味でブン殴られて目覚めさせられることになるとはね。**未だに底知れない地だよ、大分**。そのうちこのビール飲みながらとり天食べてリベンジしてやるからな。

よな私って。当然恋人の前でデカい声出したことになるんだけど、今思うと最終的に寝取られて別れたのこういうトコが原因かな？

3　杯数だけ、ね。私の酒クズ人生は、「酒なんて酔えれば一緒でしょ」っていう底辺からスタートした。それがこの稼業始めて酒を比較して飲んでみるようになってから「酒って味があって、一つひとつ違うんだ」って気づいたわけ。人生何がきっかけで変わるかわからないモンだね。

4　ゲーム「SEKIRO」に登場する敵。ただの背景のように見える屍に実は忍びが乗っており、通りかかった主人公を見つけるやいなや「フウウウウーッ！」と叫びながら突っ込んでくるうえ、そのタックルを喰らうと大抵即死する。そのあまりの衝撃から海外において彼は「WOO Guy」と呼ばれている。

COLUMN

今酒コソコソ
噂話

今酒ハクノはラッパーなの？

私はときどき日本語ラップのオリジナル曲をネットに上げてて、ＣＤも自費だけど出してる。手前味噌だけど、VTuber 業界じゃちったァラップやれる方だとは思ってんすがね。

だからときどき、「今酒ハクノって前世ラッパーでしょ？」って言われることがある。結論から言うとこれは間違い。私がラップ始めたのは VTuber 始めてからで、興味もったキッカケも「フリースタイルダンジョン」だよ。あのテレビ番組を観て私はこう思ったわけだ、「ヒップホップってもっとチンピラがやる音楽かと思ってたけど、筋通ってるし頭使うし自己表現にピッタリだし、メッチャアツいやん」と。

ただ、ラップから急に音楽始めたってわけじゃないね。幼い時分にピアノ習ってたし。あと一時期ハードロックとかメタルとかミクスチャーにもハマってた。マンソンとかスリップノットとかホルモンとか。あの人たちは歌唱法にラップ入ってるからね、だから抵抗なく入れたところは大きいと思う。

みんなも聴いてみたら？　日本語ラップ。イメージほど悪い音楽じゃないよ。

ヒプマイから
ラップ始めた人も
絶対いるでしょ

OTHER ALES

その他のエール系ビール

ここまでに紹介したスタイルはほんの一部で、エール系ビールはほかにも無数にある。ここでは、高温で焙煎した麦芽を使用した「アンバーエール」と「レッドエール」、さらに焙煎させたスタウトやポーターに近い「ダークエール」（ブラウンエール）、ホップの香りを抑えラガービールのような特徴を備えた「ゴールデンエール」、コリアンダーシードやオレンジピールを副原料とした「ベルジャンホワイト」など、エール系に分類されるイギリスやベルギー発祥のビールを紹介する。

AMERICAN AMBER ALE

ありがたい水で造った〝殺生の味〟がするビール？舌に広がる香ばしさが抜群

弘

法大師っていうじゃん、「弘法も筆の誤り」とか「弘法筆を選ばず」で有名だけど。

実はあのお方、全国各地に「水」関連の伝説[1]をもってるのは知ってる？ 水不足の人々を憐れんだ弘法大師が杖で地面をトンとやると、そこから水が湧いてきた、ってヤツ。すごいな、水のない所でこのレベルの水遁を発動できるなんて[2]。

そんな霊験あらたかな水を使って酒を造ったら、ひょっとするとメチャクチャおいしくなるかもね……。ん？ そうだとすると、弘法大師に最もゆかりのある県で酒を造れば、そりゃもうとんでもねぇうまさになるんじゃないの。

というわけで、弘法大師の聖地といえば、真言宗の総本山・高野《こうや》山金剛峰《さんこんごうぶ》寺《じ》。その所在地である和歌山県に存在するのが、昭和三年創業の酒蔵、平和酒造というわけだ。名前からわかるとおりもともと日本酒を造っておられるんだけど、二〇一〇年代からはビール造りもスタート。その製造には、まさに高野山から流れてくる水が使われてるらしい。こりゃあもうほとんど**最大濃度のあり**

和歌山県

平和酒造

平和クラフト レッドエール

DATA

アルコール度数：5.0%
容量：330ml
原材料：麦芽、ホップ
製造：平和酒造株式会社
海南市溝ノ口119
https://www.heiwashuzou.co.jp/

ハクノの味覚パラメータ

1 福岡には逆に「弘法大師が川の水を枯らした」という伝説がある。川で大根を洗う老婆が腹をすかせた弘法大師を邪険にし石を投げたところ、その川は大根を洗う季節だけ水が枯れるようになったという。なおこの「大根川」は実在する。

2 岸本斉史による少年漫画『NARUTO －ナルト－』で、水のない場所で強力な水遁の術を使う二代目火影・千手扉間に対するモブのセリフ。

がたい水では？

それでは平和を祈念しておてのシワとシワを合わせて、[3] こちらの「平和クラフト　レッドエール」を頂きましょう。滅びよ人類！

――ん!?　コレいったい何の副原料を……いや麦芽とホップだけ!?　副原料にブドウとか血とか入ってないの!?　いや、そんな酒ヤーナム[4]以外にあるわけないか。

色が濃いのもあって、飲むと一瞬「スタウト？」って思いそうになるんだけど、それはすぐに訂正することになるね。確かに香ばしさはあるんだけど質が全然違う。ぶわーっと香りが鼻に抜けるというより、**舌の上でドッと広がる**この香ばしさ、そして甘さにコク。フルーツとか本当に入ってないわけ？「赤ワインが混ぜてありますよ」と言われても私は「なるほど～そうですよね～」って納得するね。

んで、これも不思議なんだけど、後味とかに**どこか鉄分が感じられる**んだよね。ハイ、あの鉄分。血の気の多い食べ物を頂いたとか、あるいは怪我しちゃったとこ「ツバつけときゃ治らぁ」ってワイルドに直接舐めたとか、そういうときを連想させるこの味わい。舌に残ってるコレとかタンニンじゃないの？　いやぁ、こんなのガスコイン神父[5]もゴクゴク飲むでしょ。

高野山から流れてきてる水使ったビールにこんなこと言うのアレだけど、今すぐレアステーキが喰らいたくなってきた。このビール、**メチャクチャ殺生の味**するよ。みんなも絶対肉用意して飲んだ方がいいと思う。今も高野山で瞑想しておられる空海さん[6]にこのビールと焼肉定食差し入れたら怒られるだろうな、こんなん食うか――っぷね！　危うく日本で古来より使い尽くされた激寒ダジャレを放つところだった……！

3　福岡県発祥のチェーン仏具店、はせがわのCMより。ただしこのCMが「はせがわ」のCMとして流れる地域は、東京や福岡を含むごく一部。

4　アクションRPGゲーム「Bloodborne」に登場する都市。人間が獣と化す病が流行するこの街では血を用いた独自の医療技術が発達し、人々は酒より血をキメて酔う。

5　「Bloodborne」に登場する序盤のボス。獣と化した人間を始末する狩人だったが、戦いの中で自らが獣になってしまった。バトル中血に反応して「匂い立つなぁ」と喜ぶ。

6　真言宗では弘法大師空海は奥之院で永遠の修行に入ったと信じられている。そのため高野山では、今も一日に二度食事が運ばれているという。基本精進料理だが、現代では普通にカレーなど洋食も運ばれているらしい。

黒酢メーカーが造る黒糖を使ったエールはまるで泣きのギターソロ!?

RED ALE

ビールの話じゃなくて恐縮なんだけど、私って居酒屋行ってレモンサワーが甘かったらマジでガッカリするんだよね。レモンサワーはね、炭酸は強いし、キレはあるし、口に残ったつまみの脂っ気全部をめちゃくちゃ流さなきゃいけないの。[1] **酸っぱけりゃ酸っぱいだけいい**と思ってるフシさえあるな。

ただ考えりゃ、酒だけ酸っぱいのが好きなわけじゃないな。酢イカにシメサバ、酢モツ[2]なんかが証明しているように、酒クズはしばしば酸っぱいおつまみ求めがちじゃん。まぁ考えてみれば、酢って酒の隣接ジャンルというか、ほぼ製法が酒だもんね。メタルと演歌[3]がそうであるように、相性がいいのは当然なのかも。

ということは、酢を造りながらビールも醸造してる、そんなブルワリーがあってもおかしくはないよね。鹿児島県のブルワリー、カクイダビールがまさにそう。ここはそもそも**黒酢づくりで有名**で、黒酢料理レストランまで併設してる。その醸造技術を活かして、ビールも造ってますよと

鹿児島県

カクイダブルワリー

カクイダ アメリカンレッド

DATA

アルコール度数:6.0%　容量:330ml
原材料：麦芽（イギリス、ドイツ製造）、ホップ（アメリカ産）、黒糖（鹿児島県奄美大島産）
製造：福山黒酢株式会社
霧島市福山町福山大田 311-2
https://kakuida-brewery.com/

ハクノの味覚パラメータ

1　藤本タツキによる少年漫画『チェンソーマン』の登場人物、マキマのセリフが元ネタ。元のセリフはチェンソーマンを読んだことのないネットユーザーの間でもミームとして知られているが、実はとんでもないネタバレも含んでおり、その詳細はここで語ることができない。

2　福岡の居酒屋における定番おつまみ。その名のとおりモツを軽く下茹でし、ポン酢であえてネギなどの薬味をか

いうわけだ。

それじゃあ、ここのレッドエール、「アメリカンレッド」を飲んでみよう。滅びよ人類！

……「黒酢みたいな味したら面白いな」とかちょっと考えてた自分がアホだった。おいは恥ずかしか！　生きておられんごっ！[4]

かなり深味がしっかりとしたビールだね。もちろん最初は、ローストされたビールの香ばしさがまずやってくる。この香りが鼻に向かって抜けていくのは心地いいんだけど。同時に、この**焦がれた甘苦さがガッツリ舌に残る**わけ。飲むときは軽やかに飲めるんだけど、同時に後に重いものを置き土産に置いていく、離別した幼馴染みてぇな印象があるんだよな。

そしてこの味や香りをよーく辿っていくと、麦芽を焙煎したものってだけじゃ説明のつかない、もうひとつの香ばしさが立ち上ることに気づくと思う。甘い印象も受けるんだけれども、同時により味に奥行きがあって。バラード系メタルの泣きのギターソロみたく、独立した味わい深さを感じるわけだ。

この正体がねぇ、どうやら黒糖らしいのよ。確かに鹿児島は、というか正確に言えば奄美なんだけど、黒糖焼酎が有名なことからもわかるとおり、黒糖が名物なんだよね。コレがまったく違和感なく溶け込んで、より**味や香りに複雑さをもたらしている**という。地元の名産品を上手に活用している、まさにクラフトビールって感じだね。

いやはや、「飲んでるぞ！」って感じもしっかりあるんだけど、同時に重すぎるしつこさをもたない、食中に飲んでもいい感じのビールだろうね。ここは鹿児島黒豚と黒酢を用いた酢豚、そしてこの黒糖が使われたビールを組み合わせて、漆黒飲みなんてどうですか？

けたもの。サッパリ味ながら肉食ってる感もあり、ビールやハイボールに欠かせない。

3　スラッシュメタルバンド・メガデスの元ギタリストであるマーティ・フリードマンをはじめとし、メタルと演歌の共通点を語るアーティストは多い。

4　山口貴由による歴史アクション漫画『衛府の七忍』に登場する島津の武士、蜷尻左近のセリフ。豊臣秀頼の部下である犬養幻之介に因縁をつけるのだが、幻之介の反撃にビビって尻餅をついてしまい、それを恥じてこのセリフを吐きながらいきなりその場で切腹。登場から切腹までのスピード感があまりにもありすぎることから、ネットでしばしば話題になる。

RED ALE

焼いた果実のような香ばしさと甘酸っぱさ餃子にも合うスッキリ感

この世界でいちばんビールに合う食い物ってなんだと思う？　王道の唐揚げとかドイツっぽくソーセージとか豚バラの焼き鳥[1]とか、思いつくものは多いけど、私が本当にどれかひとつだけ選べって言われたら、やっぱ焼き餃子かな。底面のパリパリ感に具のジューシーさがたまらんよね。

福岡にも独自の餃子文化があって、鉄鍋に乗っかったまま出すパリッパリのひと口餃子が名物だね。それはそれで当然愛着があるんだけど、いつかもっと全国の餃子も食べて回りたくてさ。ひとつにやっぱ、栃木の宇都宮餃子。そしてもうひとつは、福島市の名物、円盤餃子よ。フライパンの形に合わせてギッチリと円盤状に餃子を並べ、焼いたそのままの形でデカ皿に盛りつける。たまらんね、一〇〇個くらい食いたいわ[2]。

やはり**餃子のある街には、餃子に合うビールがある**んだろうね。そういうわけで、福島市のブルワリー、みちのく福島路ビールのクラフトビールにチャレンジしよう。ホグズミード[3]の周辺

福島県

みちのく福島路ビール
レッドエール

DATA
アルコール度数：5.0%
容量：330ml
原材料：麦芽（外国製造）、ホップ（チェコ、ニュージーランド産）
製造：有限会社福島路ビール
福島市荒井字横塚 3-182
https://www.f-beer.com/

ハクノの味覚パラメータ

1　福岡の焼き鳥屋では「焼き鳥」として塩味の豚バラ串を出すのが定番である。いわゆる焼きとんとは異なり、基本的に豚はバラしか出てこないのが特徴的。なお〝豚バラ焼き鳥文化〟は北海道室蘭にもあり、こちらはタレ味が基本である。

2　なお筆者は以前自作の餃子を一〇〇個作って食べるチャレンジをしたことがあるが、四五個で限界だった。

みたいに自然豊かな場所にあるこのブルワリーの、今回はバタービールじゃなくてレッドエールを飲んでみることにする。滅びよ人類！

――うおっ、一瞬**アップルパイ飲んだかと思った！**

レッドエールっつったら焙煎した麦芽使ってるでしょ、だからそのカラメルっぽい香ばしさとほろ苦さみたいなのはやっぱり飲んだ瞬間に感じる。とはいえそこまでしつこさがない、どちらかといえばサッパリとしたビールだと思うよ。焙煎香が軽やかに鼻へ抜けて、ちょっぴり焦がれた感じが舌に残るなぁ。

んだけど同時に気づくのが、このちょっと甘酸っぱさを含んだ、フルーツを連想させるフレーバーだよね。フルーティーというには生々しい果物感がない、もう少し加工されたフルーツの印象なんだけど。スッキリした甘みとちょびっとの酸味。これがカラメルな焙煎モルトの香りと混ざりあって、オーブンで焼いた果実って感じが強かったんだよね。

そこで思い浮かんだのがアップルパイよ。本格的なアップルパイ食ったことある？　マックの棒状のアレ[4]じゃなくて、福島の餃子みたいな円盤状の、あみあみが美しいワンホールのアップルパイ。まさにアレが連想されたわけ。しっかり焼かれた麦の香りと、このスッキリさも兼ね備えた甘酸っぱさ。この贅沢な合わせ技がそのイメージを想起させるんだろうな。

いや、**さすがは〝くだもの王国〟**だね、まさか別に果物入れてないビールからもフルーツみたいな味がするとは。ガッツリした苦みとかのどごし系のビールではないけど、この**パワーある味、**そして過度に主張しすぎないスッキリ感は、餃子と合わせたとしてもきっと喧嘩しないと思うよ。

3　イギリスの作家J・K・ローリングによるファンタジー小説シリーズ「ハリー・ポッター」に登場する、魔法使いだけが暮らす村。名物はパブ「三本の箒」のバタービール。ハリー・ポッターの世界を舞台としたゲーム「ホグワーツ・レガシー」の描写によればかなりの自然に囲まれっぷりで、ビール造りにもよさそう。

4　マクドナルドの定番商品「ホットアップルパイ」。縦長なシルエットをしており、片手で食べやすいよう専用の紙容器に入っているのが特徴的。中身がアチアチで油断しているとマジで火傷する。あと中身をビーフシチューにした「ビーフシチューパイ」は常設してほしい。

BELGIAN WHITE

つまみが欲しいです……効果的に副原料を用いた爽やかさと酸味がいい！

茨城県から日本中を巡った存在として一番有名なのは、やはり黄門様になると思うんだけど。「ニンニク好きにとって」という前提条件ならば、答えはハートチップル[1]になるかな。じゃあ「ビール好きにとって」なら？　答えはもちろん、常陸野《ひたちの》ネストビールよね。

ネストビール。なんだか飲ませた野生のポケモンが弱ければ弱いほど捕まえやすくなりそうな名前[2]だけども。この「ネスト」ってのはそもそも「巣」って意味なんだよね。茨城県那珂《なか》市、その名も「鴻巣《こうのす》」という地名が名前の元ネタなんだって。

コウノトリが赤子を世界中へ運ぶように、あるいは水戸黄門が日本中を巡るように、今やこのビールは日本中で見かける。**私の暮らす福岡においても**、ちょっとデカいスーパーとか品揃えに凝ったコンビニに行けばゲットできちゃうんだよね。

正直こういうビール紹介するの「超おもしろいVTuberいてさぁ～知ってる？　月ノ美兎[3]っていうんだけどぉ～」みたいな恥ずかしさあるね。とはいえここに向き合わないのは、真面

茨城県

木内酒造

常陸野ネストビール　ホワイトエール

DATA

アルコール度数：5.5%　容量：330ml
原材料：大麦麦芽、小麦麦芽(以上外国製造)、ホップ、小麦（茨城県産）、オレンジ果汁、オレンジピール、コリアンダーシード、ナツメグ
製造：株式会社木内酒造1823
那珂市鴻巣 1257
https://hitachino.cc/

ハクノの味覚パラメータ

1　茨城県常総市に本社を構えるリスカ株式会社が製造する米が主原料のスナック菓子。強烈なニンニク臭が特徴的。

2　ゲーム「ポケットモンスター」シリーズの「ネストボール」。対象ポケモンがレベル一に近いほど捕まえやすくなる。

3　にじさんじ所属のバーチャルライバー。二〇一八年二月にデビューしVTuberブームを牽引した一期生の筆頭。「ツンデレだが根は真面目

目に競輪予想してんのにワッキー[4]の車券を買わないような矛盾。ここは観念して、こちらのホワイトエールを頂きましょう。滅びよ人類！

……今日はこれ飲んでクレイジーソルト舐める日にしませんか。

成分表を見たらオレンジ由来の成分がいろいろ入ってたから「おっ、ジェレミア君[5]」と思ってたんだけど、よくあるタイプの柑橘味ビールじゃないね。

これはベルジャンホワイトらしさなんだろうけど、まず口に入れて感じるのは、柔らかいっていうのかな？　小麦が入ってることによる**口当たりの優しさ**。ホッとするね。

と思ったら次の瞬間、メタルギアの兵士[6]みたく「！」と気づくことになる。ピリッと口内を刺激するこのスパイシーさ。もちろん辛いわけじゃないよ。スパイスの香りがふわーっと漂ってくると同時に、ほんのりとした刺激がくるんだよね。花椒《ホアジャオ》がちょっと入ってる麻婆豆腐って言ったらわかるかな。口の中がシビシビにまではならないんだけど、ちょびっと**爽やかになる**んだよね。

そして飲み込んでみれば、ようやくオレンジ由来の酸味がわずかに残る。同時にスパイシーさも残留するから、優しいのにどこか後味が締まってるんだよね。

香りがいいビールってどこか孤独じゃん。飲み会に参加するけど中心にはいなくて、端でゆっくり世間話してるイメージ。このビールはそれらと同じ安心感をもっていながら、わずかな酸味や爽やかなスパイシーさが**「つまみは？」と問いかけてくる**。やっぱこういう人ひとりはいてほしいよ。

クレイジーソルトかけた白身魚とかと一緒に楽しむと、スパイス相乗効果でよりおいしく飲めそうだね。

な学級委員」だったはずが、一瞬で素のサブカル女子っぷりを晒してしまい、そのギャップで大いにバズった。水戸納豆とのコラボ商品「美兎納豆」を出したことがある。

4　福井県出身の競輪選手、脇本雄太の愛称。オリンピック選手に選ばれるほどの実力者で、彼の絡む車券はオッズが爆発的に低くなりがち。

5　アニメ「コードギアス反逆のルルーシュ」に登場する軍高官。主人公ルルーシュにより「オレンジ事件」と呼ばれる汚職事件の濡れ衣を着せられ失脚。作中のみならずファンからも「オレンジ」と呼ばれネタにされた。

6　隠れて行動し目的を果たすアクションゲーム「メタルギアソリッド」では、敵兵に発見されると、特徴的なSEとともに敵兵の頭上に「！」が浮かび、襲われてしまう。

GOLDEN ALE

クラフトビール過疎地域？長崎・壱岐で醸造されたサッパリと喉を潤すエール

私の出身県である福岡県には、最近九州初の鳥貴族ができた。[1] 香川県には結構前に[2]四国初のサイゼリヤが出店。鳥取県にもしばらく前に[3]スタバが進出して、これでスタバがない都道府県、すなわち「スタバ空白地」はこの国に存在しない形となったらしい。

それじゃあ、「クラフトビール空白地」だった都道府県はいったいどこでしょう。そう、答えは長崎県。九州の小学校界隈じゃ修学旅行の宿泊先として大いに知られている、あの長崎県だね。

あれだけ海があるってことはうまい海産物があるってことで。つまりビールを造っていなきゃあ理屈が成り立たないんだよな。いや、正確に言うと醸造所はこれまでいくつもできてるのよ。なのにどれも奇妙なことに始めては撤退しちゃってて、一時完全な空白地にまでなったわけ。事件性を感じるな。コナン君[4]が見たらさすがに「妙だな……」って言うよ。

とにかく、そんなクラフトビール空白地・長崎でようやっと産声を上げたブルワリー、それがISLAND BREWERY なんだな。長崎県の離島、海と自然に囲まれた壱岐に存在するこのブルワリー

長崎県

ISLAND BREWERY
GOLDEN ALE

DATA
アルコール度数:4.5%　容量:330ml
原材料：麦芽（カナダ製造）、米麹［白麹］（壱岐製造）、ホップ（アメリカ製造）
製造：原田酒造有限会社
壱岐市勝本町勝本浦 249
https://shop.iki-island.co.jp/

ハクノの味覚パラメータ

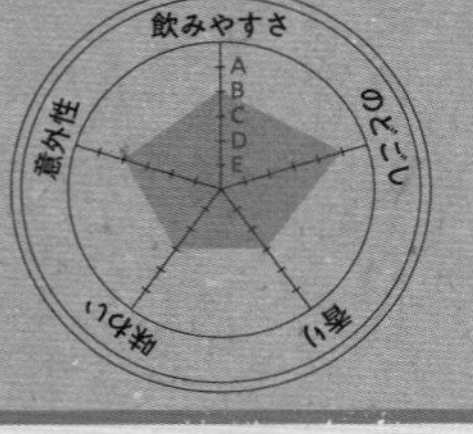

1　二〇二二年一〇月、大手焼き鳥チェーン店「鳥貴族」の博多筑紫店がオープン。焼き鳥王国の福岡でも好評だったようで、二〇二三年四月には三店舗に増えている。

2　二〇〇二年十二月、大手ファミレス「サイゼリヤ」が香川県のショッピングモール・イオンモール綾川に出店した。SNS上の香川県民、四国民は大いに沸いたという。

3　二〇一五年五月、大手

は、まさに「魚に合うビール」を造りたいという思いで仕事をしてるんだって。それじゃあここの「GOLDEN ALE」を頂きましょう。滅びよ人類！

——えっ、柑橘入ってるのこれは？　白麹？　そんな馬鹿な。

まず感じるのは、**飲み口があまりにもサラッとしてる**ってことね。ハイネケンとかバドワイザーってビールあるけど、アレもかなりサラッと系ビールとして有名でしょ。アレと匹敵するくらいサラサラしてて、水みたいにグングン飲めてしまいそうだね。

そんで口に含んだとき、そして舌の上を通過するとき。当然麦の香りも多少せんことはないんだけど、それ以上に**圧倒的なのがこの甘酸っぱさ**よ。それも果汁入りビールみたく濃厚フルーティに甘酸っぱいわけじゃない。まるでサラッとした飲み口のビールにレモンを絞ったみたいに、サッパリ爽やかに飲ませてくるフレーバーなわけ。やっぱ柑橘系を副原料で入れてんのかな？　と思ったら、コレ白麹由来の酸味なの？　それでこんな爽やかさ出るんだ、最弱が最も最も最も恐ろしいマギィーッ[5]とはこのことだな。極端にブラッディなマグロみたいな魚だと生臭さが際立ってアレかもしれないけど、このサッパリ具合は確かに刺身とかともイケるかもな。イカとか有名なんだっけ、ああいうのならおいしく合わせられそうだよ。

だけどここまでサラッといけるビールなら、むしろちょっと仕事中に喉が渇いたときとか向けだと思うんだよね。フレーバー炭酸水に近い気持ちで飲めるから、これをクイッといくことによって、午後からのしんどい仕事もリフレッシュして臨むことができるんじゃないかな、ベンチャーの社長さん、どうだろう、**これを福利厚生としてオフィスに置く**っていうのは……なんて目で私を見るんだ。やめろよ。

コーヒーチェーン「スターバックス」が鳥取県にオープン……えっ、二〇一五年のこと「しばらく前」って言うのはさすがにヤバい？　デレマスのアニメやったのが二〇一五年らしいよ。いややべーな。

4　青山剛昌による推理漫画『名探偵コナン』の主人公、江戸川コナン（工藤新一）。探偵らしい鋭い洞察力で知られるが、あまりに鋭すぎて「コンビニでタバコを買う際に一〇〇〇円札を一枚だけ出した」という理由で「妙だな……」と口走ったシーンがあり、「別に妙じゃねーだろ」とネットで大ウケしていた。

5　漫画『ジョジョの奇妙な冒険』より、鋼入りのダンのスタンド「恋人」が放ったセリフ。ミクロサイズのスタンドで髪の毛一本を動かす力もないが、相手にとりつき体内で悪さをするという姑息ながら強力な能力をもっている。

IMPERIAL SWEETPOTATO AMBER

焼き芋の香ばしさ 飽きのこない甘さ リピートしたい傑作ビール

クラフトビール好きを名乗る人に、コエドブルワリーを知らないって人はあんまりいないんじゃないかな。花剣のビスタ[1]に対するミホークの評価くらい知らん方がおかしかろう。

高橋邦子[2]の聖地、埼玉県川越市 a.k.a. 小江戸。ここに本社を置くコエドブルワリーといえば、今や全国のコンビニやスーパーでもしばしば見かける超ビッグな醸造所。**VTuberなら二〇一八年初頭の四天王あたりに匹敵**すると言ってもいいかもね。

そんなコエドブルワリーの代表的ビールといえば、やはり「紅赤」。埼玉生まれの品種として知られるサツマイモ・紅赤を使用してあるってのが大きな特徴で、そもそもは規格外品の農作物をなんとかできないか、という発想から生まれたものでもあるらしい。やっぱ社会の規格外品である私にもインターネットがあったもんね。何にでも活きる場所ってのがあるってことなんだなぁ。

正直これだけ知られたものを今さら私のような者がレビューするのはどうかと思ったよ。令和になってメントスコーラ[3]の動画上げるみたいなモンじゃん。とはいえ意図的に無視するのも通ぶり

埼玉県

コエドブルワリー

COEDO 紅赤 -Beniaka-

DATA

アルコール度数：7.0%
容量：333ml
原材料：麦芽（外国製造）、さつま芋（埼玉県産）、ホップ
製造：株式会社協同商事
川越市中台南 2-20-1
https://coedobrewery.com

ハクノの味覚パラメータ

1　漫画『ONE PIECE』の登場人物。元四皇・白ひげ海賊団五番隊隊長を務めた二刀流の剣士。〝世界最強の剣士〟ジュラキュール・ミホークに「知らん方がおかしかろう」と言わしめ、そのミホークと互角に渡り合う実力をもちながら出番が一度しかなく、その謎の存在感から一部でカルト的人気を誇る。

2　ニコニコ動画でカルト的人気を博したゲーム制作者。「ツクールシリーズ」でゲーム

たい奴っぽいし、ここはあえて正面から向き合わせていただこう。滅びよ人類！

──飲みやすさと力強い香りが同居しとる。こんな芋洗坂係長[4]みたいなビールあるかね？

口に入れた瞬間まず感じるのは、「おっ、私黒ビール飲んだっけか？」って味と香りね。わりとハッキリ感じられる甘さ、そしてカラメルのような香ばしさ。この場にミルクボーイ[5]の内海がいたら「その特徴はもう完全に黒ビールやがな。何がわからへんのよ」と呆れるだろうね。

なんでこんな味になるのかと思って調べたんだけど、この酒に使うサツマイモは**いったん焼き芋にしてるんだって。**黒ビールは麦芽をローストしてるからあの味になるわけだけど、焼き芋でも似た効果が得られるんだね。後味のほんのりとした苦みも含めて、かなり味わいは近いと言えるんじゃないかと思う。

ただ、それにしてはやたらスルッと飲めるわけよ。スタウトとかの黒ビールを楽しむ人ならわかるとおり、やっぱ黒ビールってドッシリした重みが特徴的なんだよね。加えてこの酒は度数七%、やや強めな缶チューハイと同じくらいだから、当然重みがあってしかるべきでしょ。なのにコイツはあんまりしつこくなくて、グングン飲んでも飽きがこないわけ。

秘密はやっぱり、**甘さのスッキリ具合**じゃないかな。存在感の主張はあるのに、それがムーンウォークみたくスムーズに流れていく。だからこれほどパワフルでありながら、何度でも口をつけられるんだろうね。

傑作だけど繰り返し摂取するのはしんどい作品ってあるじゃん。それはそれで当然すばらしいんだけど、**繰り返し飲める傑作**だからこそ長く愛されてるんだなと、そう感じずにはいられない説得力があるお酒でした。

を制作し、常人には理解しがたい超展開のストーリーで知られる。埼玉県川越市に奇妙なこだわりがある。

3　コーラの中にソフトキャンディ「メントス」を入れると、コーラーが噴水のように勢いよく噴き出す、という現象。数々のYouTuberに何万回と擦られ続けたネタであり、もう擦られ過ぎて摩擦ゼロになってると思う。

4　えにしんぐエンターテイメント所属のお笑い芸人。体重百キロ超えの丸いシルエットながら歌とダンスを得意としている。「R-1ぐらんぷり2008」準優勝。

5　内海崇（ツッコミ）と駒場孝（ボケ）からなる、吉本興業所属のお笑いコンビ。「リターン漫才」と称される独自構成のネタで「M-1グランプリ2019」王者となった。

DARK ALE

下呂市・湯屋温泉の炭酸源泉を使ったビール青々しさが身体に良さそう？

二〇代前半の頃はこう思ってた。「こんなペースで飲んでたら肝臓悪くするんだろうな」って。で、バーチャルアラサーになるまでそのペースを試してみた結果なんだけど、**先に悪くしたのは胃だった**んだよね。

完全に見落としてたんだけど、アルコールって基本粘膜を荒らすのよ。しかも当時の私って、アルコールのクッションになるつまみすらもロクに摂取してなかったから。気づいたら逆流性食道炎やってたね。ちなみに、胃カメラの画像はぜひチャンネルをご覧ください。胃カメラ上げたのはサロメ[1]のお嬢ちゃんより先だからね言っとくけど。

うーむ、胃を労わった方がいいのはわかるけど、とはいえ酒は辞められないし。いっそ胃にいい成分が入ったビールとかあったらなぁ……あっ、あるかもしれん。岐阜県のブルワリー、地ビール飛騨。ここが出しているビール、その名も「源泉仕込み　下呂麦酒」がそれだ。理由はわからんけど親近感を覚える名前[2]のビールだね。

岐阜県

地ビール飛騨

源泉仕込み 下呂麦酒

DATA

アルコール度数：5.0%

容量：330ml

原材料：麦芽（カナダ、ドイツ製造）、ホップ、源泉水（湯屋温泉）

製造：株式会社地ビール飛騨

高山市西之一色町 3-773-2

https://hidabeer.com/

ハクノの味覚パラメータ

1　にじさんじ所属のVライバー、壱百満天原サロメ。お嬢様風の見た目と喋り方だが、お嬢様に憧れを抱いているだけの一般女性。初配信でいきなり胃カメラの画像を公開したことで話題になった。チャンネル登録者数は一夜にして一〇万人を突破、さらに初配信からわずか十四日で一〇〇万人を突破という前V未到の記録を打ち立てた。

2　なんでやろなぁ。真面目にやってきたところとかが似なんとこのビールは、下呂市・湯屋温泉の炭酸泉を仕込み水に使ってあるんだって。この温泉は入るだけじゃなくて飲むことによる効果ってのもあって、しかも飲んだら胃腸にもいいとされているらしいから、まさかコレを飲んだらすべてが解決するのでは？　急ぎ飲んで確かめてみよう。滅びよ人類！

……えっ、副原料入ってないんだよねコレ？　こんな身体に良さそうな味する？

ビール飲んで最初に感じるのってさ、普通はホップの苦みとか、モルトの甘みだとかうま味だとか、鼻を心地よくする麦の香りだとか、そういうモンでしょ？　このビールからもそれがせんとは言わんよ。甘さも感じられるし香りの麦らしさも多少あると思う。

なんだけど、それより圧倒的に、どう考えても副原料に**抹茶か青汁が入ってないと納得できん味**がするのよ。青汁も「まず〜い、もう一杯」[3]ってヤツじゃなくて、最近の飲みやすいヤツね。この植物のワイルドさをもつ青々しい香り、どこか粉感のある舌触り。これがビール的な苦みと結びついて、「なんでこのビール緑色じゃないんだ？」と違和感を覚えるレベルなのよ。

そしてそれらが存在感をもって過ぎ去った後から、ようやく温泉由来のナトリウムとかそういうのなのかね？　独特の香ばしさがコロッと顔を出し、そして残り香と共に消えていくわけだ。いや、これ本当に温泉使っただけよね？　それだけで**こんな効きそうな味しますか？**　レアカードにシンプルなテキストが記載されてたときくらい[4]「絶対強いじゃん」って確信がもてるよ。

これが本当に効くなら、酔える良薬という**酒クズがいちばん求めてるものの可能性**あるな。早速胃のために今後はこのビールを毎日飲んで……ああいや、そうしたら今度こそ肝臓が終わるか。ままならぬものよ。

てるのかも……。あ、「なんでやろなぁ」「真面目にやってきたからよ」とは、アリさんマークの引越社こと株式会社引越社のCMに登場するフレーズ。なんで脚注で脚注がいりそうなこと言うんだ私は。

3　一九九〇年代に放送された、キューサイ株式会社の青汁のCMフレーズより。俳優の八名信夫が撮影のために青汁を飲んだのだが、現在と異なり当時の青汁は本当にまずく、「まずいと言いたい」という八名の希望を取り入れる形でこのフレーズが生まれ、結果大ヒット商品となった。

4　カードゲームの俗説として、テキストがゴチャゴチャ長いカードよりも、むしろテキストが短いカードこそシンプルに強いというものがある。

COLUMN

今酒コソコソ噂話

一生遊べるクソゲー

今酒ハクノが人生で最も時間を使い、また最もイラつかされたゲームは何か？　答えは麻雀。大学生の頃部室で初めて出会って以来、私はこのゲームを酒クズが「もう飲まねえ」と言う回数と同じくらい引退し、また同じ数復帰してきた。

このゲーム、冷静に考えると理不尽の塊なんだよな。配牌の時点で終わっている場面も多く。どんなにジックリ準備しても「なんでお前が？」みたいな奴にしょっちゅう成功をかすめ取られ。「気をつけてれば避けられた」みたいなレベルじゃない偶発的事故で再起不能レベルまで追いつめられる。

ただ認めたくないけど、このゲームに人生の大事なことをいくつか学んだのは事実だね。たとえば、身内で俺スゲーしてる間は本当の実力はわからない。セオリーは常に更新されるから学び続けないといけないし、そうしないならプレイ歴が長いだけの雑魚から一生成長できない。そんでまぁ、言っちゃえば運ゲーなんだけど、マジの運ゲーで終わらせないためには自ら動いた方がいい……とか。

ぶっちゃけクソゲーだよなと思うことはメチャクチャあるんだけど、私はこのゲームを「一生遊べるクソゲー」と呼んでるよ。

OTHER GERMAN BEERS

その他のドイツビール

近年のクラフトビールブームでどうしてももてはやされているのは、イギリス生まれアメリカ育ちなスタイルのビールたちなんだけど。オクトーバーフェストとかあるように、ドイツビールも日本じゃ根強い人気があるね。ひと口にドイツビールといってもさまざまだけど、ここではほんの一部ということで、ケルン地方で伝統的に造られている「ケルシュ」、「黒」を意味するすっきりした味わいのラガー系黒ビール「シュバルツ」、「煙」を意味し燻製した麦芽を使用する「ラオホ」の3種類を紹介しよう。

KÖLSCH

何気ない住宅地で世界に通じるビールを造る香り高く飲みやすいケルシュ

ときどきポーカースポットに行くんだけど、あそこの常連さんってしばしば素性不明な方がいるんだよね。見た目は普通のお兄さんだし悪い人じゃないんだけど、平日のこんな時間からポーカーして遊べるってどういうご職業の方なん?[1]って。そんで話を聞いてみると、実は投資で大儲けしたからもう一生働かなくていい人だってことがわかったり。うらやましいな、人は見た目によらんもんだね。

そう、普通っぽい佇まいなのに実はとんでもない方だった、ってのは、クラフトビール界でも起こること。たとえば、千葉県佐倉市にあるロコビアだ。このブルワリーは「シモアール」っていう酒屋さんに併設されてるんだけど、どんな場所だろうって調べてみたらビビったね。バキバキ国道沿いだし、**周囲には住宅が普通に建ち並んでる**し、なにより見た目が「町の酒屋さん」以外の何物でもないんだよな。

いや、好感がもてるね。水や木々に恵まれたイカニモって場所に建ってる醸造所だけがブルワ

千葉県

ロコビア
佐倉香りの生

DATA
アルコール度数：5.0%
容量：330ml
原材料:大麦麦芽、小麦麦芽（以上ドイツ製造）、ホップ（ドイツ産）、食塩
製造：合同会社ロコビア
佐倉市上座1193
https://shop.locobeer.jp/

ハクノの味覚パラメータ

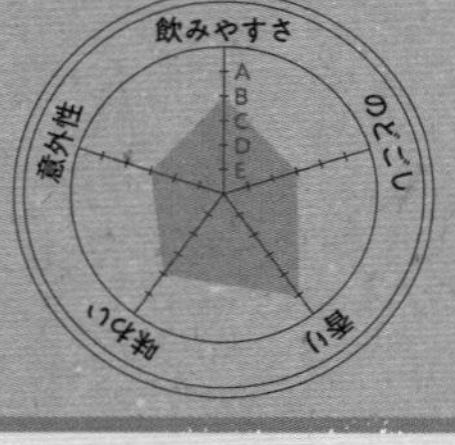

1 人のこと言えるか。

リーじゃないんだぞって感じで。VTuberは企業所属の配信アイドルだけじゃないんだぞって思いながら活動している私としても見習いたい姿勢だよ。

それじゃあこちらの代表商品「佐倉香りの生」を頂きましょう。滅びよ人類！

——すごいな、徒歩一分のところに吉野家[2]がある酒屋さんから、これが飛び出してくる？

すぐわかる特徴として、全然と言い切っていいくらい苦みがない。**ビールが苦手だって人にもすぐ勧められる**ような、変なクセやら気取ったところやらがなくツルッと飲めちゃう味わい。非常に接しやすい印象があるね。

そして名前に「香り」って付いてるんだから当然香りの話よね。なんだろうこれは、紅茶って表現したらいいのかな？　それともリンゴかこれは？　**華やかさをもちながら**、これがあんまり悪目立ちし過ぎない。ビールとして、酒としての飲みやすさを阻害しないところがすごいかも。

これはアレだね、実はもともと国際的な組織に所属してた女殺し屋みたい[3]だね。周辺住民との付き合いも普通にあって、すごく人当たりがいいってことでご近所では評判なんだけど、本職の人が細かくその所作を見たら呼吸や反応速度が素人のそれじゃないのがわかっちまう、みたいな。

奇しくもというべきか、佐倉市では地域団体による「モチヨル」というイベントが定期的に開催されているらしい。許可を取って道路を片車線だけジャックし、テーブルを並べる。周辺の屋台やキッチンカー、商店から好きな飲食物をテイクアウトして、楽しい時間を過ごそうというもの。ロコビアも当然ここに出店し、地域住民から愛されてるみたい。

みなさんも佐倉市に立ち寄ることがあれば、タイミングを合わせて行ってみるのはどうだろうか。飲んでみたらきっと「**プロやな——**」となるんじゃないかな。

2　本当に民家一軒挟んだ隣に吉野家があるし、はす向かいにはスーパーがある。気になる方はGoogle ストリートビューで、醸造所のある「シモアール　ユーカリが丘店」を見てみるとよい。あまりの「町の酒屋さん」っぷりに驚くだろう。

3　実際にこの「佐倉香りの生」は、ワールドビアカップで三大会連続メダル獲得を果たしており、また女性醸造家により開発・製造されている。

KÖLSCH

ゴクッ……これはコーラルウォーター！ミネラルを感じるビールとは

沖縄に私が最後に行ったのは、小学生の頃だったな。福岡にはない綺麗な海見て興奮しちゃってさ、魚見ながら浅瀬ちゃぷちゃぷ[1]して。そしたらなんと、足がつかないような深いトコに流されてたんだよね。ボーちゃん[2]みたいな声上げながらなんとか助けてもらったよ。

いや、いいトコだったよ、沖縄。だけど心残りがある。そう、**沖縄の酒が飲めなかった**ことだね。あの頃は地ビールって呼ばれてた沖縄のクラフトビール。コレを大人が楽しく飲んでる間、私はジュースかウーロン茶飲んでたよ。今思い返すと口惜しいね。

そんな私も今ではバーチャル三〇代。カネとか動画の進捗とかすべてを気にせず、本気で行こうと思えば今すぐにでも沖縄に行けるし、わざわざ行かなくても取り寄せれば沖縄のビールを飲むことができる。こうやって生きるために私はこの職業を選んだ[3]と言っても過言ではないね。

というわけで挑戦するのが、沖縄県南城《なんじょう》市のテーマパーク、おきなわワールドに存在する南都酒造所のビール「OKINAWA SANGO BEER」だ。なおテーマパークで造っているサンゴビールと

沖縄県

南都酒造所
OKINAWA SANGO BEER KÖLSCH ケルシュ

DATA
アルコール度数：5.0%
容量：330ml
原材料：麦芽（ドイツ製造）、ホップ（ドイツ産他）
製造：株式会社南都
南城市玉城字前川 1367
https://www.nantosyuzo.com/

ハクノの味覚パラメータ

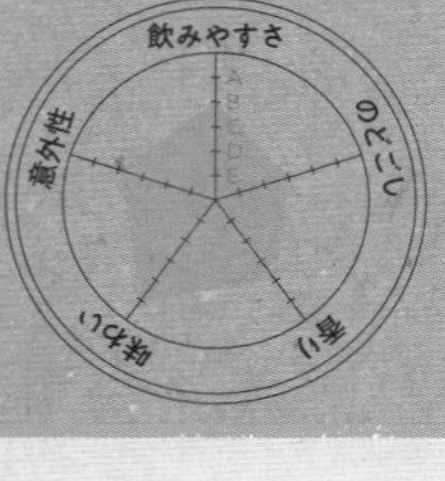

1　この文脈とはまったく関係ないが、深層組に所属するＶＴｕｂｅｒのDeepWeb Undergroundは、（特に現在の運営体制になって以降）名前の割にあまりディープウェブでアンダーグラウンドなことをしていないことから、ファンの間で「浅瀬ちゃぷちゃぷ」と揶揄されている。

2　臼井義人によるギャグ漫画『クレヨンしんちゃん』に登場する、主人公・野原しんのすけの友達。二〇一四年、こ

いっても、決して志摩スペイン村[4]で造っているわけではないので気をつけてほしい。今回はケルシュを頂くことにしよう。滅びよ人類！

……えっ、知らん味がする！　何者なんじゃ？　ナンジャモか？[5]

いや、確かに基本的には我々の知るビールなのよ。ついでに言えばめっちゃ飲みやすいと思う。麦の香りがホワッと漂って、そこまで主張が激しいわけでもないけど**ちょっぴりフルーティ**な感覚。苦みも全然ないし、ビールが苦手だよという人にも勧めやすくはありそう。

なんだけど、それだけじゃ説明のつかない部分があるんだよね。ひとつに、口当たりがこんなサラリというか、軽い飲み口なことは珍しいんじゃないかなと思う。そんでもうひとつに、苦いでも酸っぱいでもないんだけど、あえて近い味を出すならそのあたりになるかなぁみたいな、独特の味が混じってるんだよね。

……まさかなんだけど、**水の違いを感じてるのか私は？**

水のおいしさをウリにしてる酒ってメチャクチャあるんだけど、私の舌はそこまで水に特化してないから「どれもうまいなあ」ってアホみたいな感想しか出なかったわけよね。

なんだけどこの独特の味、「お前が知ってる中で一番近いもの挙げてみ」って言われたら、ちょっとええミネラルウォーター飲んだときの「たぶんここがミネラルなんかな」みたいな部分としか言いようがないんだよね。

よく確認してみたら、このビールにはサンゴ礁の鍾乳洞から汲み上げた「コーラルウォーター」ってのを使ってあるんだって。サンゴってだけでこんなに味変わるの？　なんだか**わからせられた気分**になったな。沖縄恐るべしというべきか……。

のボーちゃんが溺れるモノマネがYouTubeに投稿され、それがなぜか二〇一七年にバズり、ネットミームと化した。ただしボーちゃんが原作で溺れた事実は存在しない。

3　なお自由を得た代わりに、来年もこの調子で生きていられるかについて考えると怖くて眠れなくなる。

4　三重県志摩市にあるスペインの街並みを再現したテーマパーク。にじさんじ所属のVTuber周央サンゴが熱狂的なファンで、配信内でその愛を語りまくったところ、本当に志摩スペイン村から案件を受けることになった。

5　ゲーム「ポケットモンスター　スカーレット・バイオレット」に登場する女性トレーナー。ジムリーダーのかたわら配信活動もし、「何者なんじゃ？　ナンジャモです！」の名乗り口上が定番。

SCHWARZ

最高の社是をもつ酒蔵の大仏の名を冠したビールはサラリと飲める庶民派だった

神奈川県

熊澤酒造

湘南ビール シュバルツ（大仏ビール）

DATA

アルコール度数：5.0%
容量：300ml
原材料：麦芽（ドイツ製造）、ホップ（チェコ産）
製造：熊澤酒造株式会社
茅ケ崎市香川 7-10-7
https://www.kumazawa.jp/

ハクノの味覚パラメータ

神奈川といえば、日本語ラップの聖地がひとつなんだよね。Mummy-D[1]、MACCHO[2]、FORK[3]、NORIKIYO[4]……この本は『違いがわかる酒クズのラッパー超批評』ではないので注釈欄が爆発する前にやめとくけれども、とにかく日本語ラップの重要人物を古より生み出し続けてきた伝説の地なわけよ、

そんなラッパー名産地である神奈川にも、当然お酒の名産地が存在するわけ。それが湘南唯一の酒蔵、熊澤酒造。この酒蔵の社是はズバリ、「よっぱらいは日本を豊かにする」——待ってくれ、なんてすばらしい社是なんだ。**どんなに好きなアーティストの歌詞でもここまで共感したことはないよ私ぁ。**決まりだ、神奈川旅行する用事ができたあかつきには、必ずここへお邪魔して酒を買って帰るとしよう。

さて、この熊澤酒造さんは、地ビールブームが起きた一九九六年からクラフトビール醸造もやってるらしい。その代表商品は、その名も湘南ビール。今回は通年商品のひとつであるシュバルツ、

1　日本のラッパーで、神奈川県横浜市出身。ヒップホップグループ・RHYMESTERのメンバーで、日本にヒップホップ文化やラップが定着していなかった一九八九年から活動を続けている。

2　日本のラッパーで、神奈川県横浜市出身。一九九六年にOZROSAURUSとしてヒップホップユニットを結成し、現在はヒップホップバンドとして活動している。

大仏ビールを頂きましょう。鎌倉大仏をモチーフにしたと思われるラベルが印象的だけど、味も大仏くらいドープネスに鎮座[5]してるのかな？　滅びよ人類！

……思ったより鎮座してないな。天から見守るようなフワッとタイプだ。

この本でもいろんなビールを取り扱ってきたし、同じ黒色のスタウトやポーターなんかは何本も飲んだわけだけどさ。ああいうのってだいたい濃い味がまずドスーンと印象深く攻めてくるわけよ。こちらはなんだか、味の第一印象は思ったほど強くないんだよな。ちょっとした苦みとか甘さは当然あるんだけど、**全体的にアッサリ目**だなって印象だね。

じゃあ何が特徴的なのよって話なんだけど、つまりこの香りだよね。カラメルっぽい香ばしさが鼻に向かって抜けていき、口の中にもふんわりと残り続ける。どこか米を思い出さんこともない、なんとな〜く**でんぷん感ある甘い香り**も少々残るかな。副原料に米とか入ってないはずなんだけど、これはちょっと不思議だね。

そしてもうひとつ特徴を挙げるなら、濃厚系じゃないが故のサラリとした飲みやすさだね。大仏様らしくありがたやありがたやと言いながら徐々に飲んでいくようなビールかと思えば、これはもうグビグビの庶民派、**大乗仏教[6]すぎるぞ**。南無阿弥陀仏と唱えるようにあらゆる人が飲めてしまうな。

やっぱ、ヒップホップもビールもそうか。濃いのには濃いのの良さが当然あるんだけど、それがいきなりオラオラ出てくると良さがわかる前に離れちゃうから、こういう飲み込みやすいのが必要だよね。私も初めてマイクリレー系のディープな曲聴いたときは「サビどこ？」ってなったし、これは神奈川のラッパーにたとえるなら……いやだからもう脚注は限界なんだって。

3　日本のラッパーで、神奈川県横浜市出身。ヒップホップユニット・ICE BAHNのメンバーで、フリースタイルラップバトルの大会・UMBの二〇〇六年大会にて優勝を果たしている。

4　日本のラッパーで、神奈川県相模原市出身。作詞能力に優れたリリシストとして知られている。一年に三枚アルバムを出すなど精力的に活動しており、多くのラッパーのリスペクトを集めている。

5　東京出身のラッパー、鎮座DOPENESSが元ネタ。レゲエを感じる独特のフロウとつかみどころのない仙人のような雰囲気が特徴的。

6　メチャクチャざっくり言うと、仏教の宗派のうち、自己の悟りではなく信仰をもつ者すべてを救済することに重きを置いた立場のもの。

SCHWARZ

岩手の〃熊〃は意外と飲み口スッキリ渋みも感じるシュバルツ

二〇一八年前半、VTuber業界が盛り上がり始めた頃、まるでこの業界を理想の世界かのようにもてはやす人たちがいたんだよね。なりたい自分になってありのままで認められる優しい世界なんだと。**そんなわけあるかい**。賭けてもいいが、みんながありのままで生きたら行きつく先は北斗の拳[1]の世界観だね。

とはいえ、そんな場所があるなら私も暮らしたい気持ちはあるよ。居酒屋はある意味理想郷だけど住むには向かないし、外国にあったとしても言葉がわからんし。どこか頑張れば行ける場所に理想郷がないもんかね……なんて思ってたけど、よく考えたら日本には岩手県があったね。

一日に玄米四合と味噌と少しの野菜を食べることを推奨[2]されているのはややキツいけど、かの宮沢賢治の地元であり、彼の心の理想郷・イーハトーブのモチーフであるといわれていて、瓶ドン[3]もうまいし、そして何より……クラフトビールのブルワリーもある。

岩手県盛岡市に本社を置くそのブルワリーの名は、熊の名を冠したベアレン醸造所。ここの定番

岩手県

ベアレン醸造所
ベアレン シュバルツ

DATA
アルコール度数：5.5%
容量：330ml
原材料：麦芽（外国製造）、ホップ
製造：株式会社ベアレン醸造所
盛岡市北山 1-3-31
https://www.baerenbier.co.jp/

ハクノの味覚パラメータ

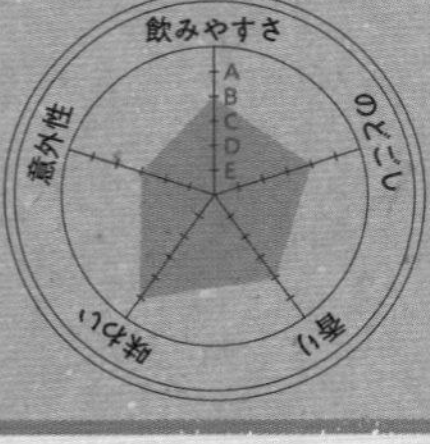

1　武論尊原作、原哲夫作画による格闘漫画。核戦争によって荒廃し、暴力が支配する世界を舞台としている。

2　宮沢賢治の『雨ニモマケズ』より。ちなみに玄米四合はお茶碗でいうと八杯分ほどに相当するという。当然だが、別に岩手でこの食生活を推奨している事実はない。

3　牛乳瓶いっぱいに海産物を詰めた、岩手県宮古市の名物。ご飯の上にドバッとかけ

であるシュバルツを、今回は頂くとしよう。滅びよ人類！

……ん！　**熊は熊でもパディントン**[4]**だな。**

もっと汽車に乗り込んでくる強靭なヒグマ[5]みたいな味を想像したんだけど、全然紳士的じゃん。意外とさっぱりとして、また繊細さも一緒にもってる飲み物だね。

飲んで一番わかりやすい特徴は、やっぱりその香り高さだと思う。カカオが多いチョコレートみたいに、甘さと香ばしさが同時に立ち上ってくるよね。これ自体は別に、ポーターとかスタウト飲んでも似たような感想になると思うんだけど。

ここで注目したいのが、ちょっとだけ赤ワインを垂らしたみたいなこの渋み、そして舌に引っかかるこの感触よ。甘さや香ばしさが軟口蓋《なんこうがい》から鼻にかけての部分で思いっきり暴れているのが目立つんだけど、よくよく見るとキッチリ**基礎の部分を支えている渋さ**に気づくんだよね。派手なギターやボーカルばっかに注目してたらベースラインが変態だったみたいな、わかる奴にはわかる部分に味わいがあるんだな。

そして驚かされるのは、これらがマジで軽～く飲めてしまうってことだよね。スタウトやポーターにもあんまり重くないビールはあるけど、やっぱりシュバルツはラガービールのキレ、スッキリさをもってるのよ。これならしつこさを感じずに、食べ物なんかと合わせながら**グビグビと飲んじゃう**こともできるだろうね。

やはり理想郷ってのはこういうところにあるんだな。一日四合のこのビールを味噌と少しの野菜で楽しんでつつましく暮らしていくかぁ。あーでも、四合って七二〇ミリリットルだよね、せめて倍にならんかなぁ。あとつまみに唐揚げとか食べたいよ。全然つつましくないなコレ。

て、ドンブリ形式で食べるのがお作法である。

4　イギリスの作家マイケル・ボンドの児童文学『くまのパディントン』より。主人公のパディントンは礼儀正しい紳士的な熊だが、周囲のトラブルに巻き込まれてドタバタ劇が展開される。

5　野田サトルによる冒険活劇漫画『ゴールデンカムイ』におけるヒグマは、神や自然災害のように強大な存在として繰り返し描かれるのだが、それが突き詰められた結果、走行中の汽車にヒグマが乗り込み暴れるというとんでもないシーンがあらわれる。

RAUCH

ビール界の海原雄山!? 絶対につまみを用意したい 富士山の水の燻製ビール

ク　クラフトビールといえば、「地元のうめぇ水を使いました」ってのをウリにしてる商品がめっちゃ多いけど。日本のうめぇ水最大トーナメント[1]をやるとしたら、三二名の出場選手内で最大知名度を誇るのは、間違いなく富士山の水だと思うんだよね。いうなれば日本の象徴みたいな山だし、ここの水使ってビール造ったら間違いなくうまいでしょ。

……とか考えてたら、存在してたね、富士山の水を使ったビール。

そのビールを造っているブルワリーの名は、富士桜高原麦酒。「至高のビール」をテーマにビールを造っているという、**海原雄山[2]みたいな迫力**あるこの醸造所。立地もすごくて、富士山麓、標高一〇〇〇メートルの地にあるんだって。高さはほぼ至高で間違いなさそうだね。

ピルスナーやヴァイツェンといった定番ビールもいいんだけど、ひときわ目を引くのがこのラオホってスタイルのビールね。使用する麦芽をなんと**ブナのチップで燻している**という、いわば「燻製ビール」とでも呼ぶべき存在なんだって。マジか、ちゅるやさんが[3]「スモークビールはある

山梨県

富士桜高原麦酒

ラオホ

DATA

アルコール度数：5.5%
容量：330ml
原材料：麦芽（ドイツ製造）、ホップ（ドイツ産）
製造：富士観光開発株式会社
南都留郡富士河口湖町船津字剣丸尾 6663-1
https://www.fujizakura-beer.jp/

ハクノの味覚パラメータ

1　漫画『グラップラー刃牙』で開催された格闘技大会。「全選手入場!!」の掛け声で選手たちが次々紹介されていくシーンは、現在も多くパロディされており知名度が高い。

2　雁屋哲原作、花咲アキラ作画によるグルメ漫画『美味しんぼ』の登場人物。主人公・山岡士郎の父親にしてライバル。士郎らによる「究極のメニュー」に対し「至高のメニュー」を提供し、幾度も激突する。

かい？」って訊きにくるかもしれんぞ。

まったく味が想像できないけど、頂いてみよう。滅びよ人類！

——スモークチーズはあるかい？

ハッ！　ジョセフに先読みされた[4]ちゅるやさんみたいになってしまったけども。なんでこれを飲むとわかっていながら、事前につまみとして燻製を用意しなかったんだ私は？　香りもそうだし、味も、特に泡の味がそうなんだけど、完全に燻製なのよ。この独特の香ばしさ、酒飲んでるのに**食欲が刺激されて腹減ってくる**っていう胃の容量保存の法則無視した現象発生してるからね。

事前に麦芽をいい感じに加熱するビールといったら、スタウトとかポーターあたりもそうなんだけど、アレとは香りとか口当たりが全然違うね。加熱された麦芽特有の甘さはある程度共通としても、こちらの甘さはよりしつこさがない落ち着いたもの。**飲み心地もわりとサラッと**してて、ビールだけでお腹いっぱいになりすぎないね。

こういうビール飲んじゃうと何が起こるかわかるかな？　そう、つまみがメッチャクチャ欲しくなっちゃうんだよね！　香りが特徴的なビールは単体で〝完成〟していることも多いと思うんだけど、コイツはつまみが、特にスモーク系なつまみがあることで、クセ同士結合し〝完成〟と相成る。

完成の定義が真木教授と鴻上会長[5]くらい違うんだよね。

私、ビールと食べ物が並び立ってないことに不満を感じること、基本的に焼肉行ったときくらいしかないんだけど。今それと同じかそれ以上の気持ちが内側から湧き上がってるね。これだけ渡されて終わりってのはちょっと倫理に反しますよ。もう我慢ならん。同窓会には行けません、今コンビニに行きます[6]、探さないでください。

3　イラストレーターのえれっとにより創作されたちびキャラ。谷川流によるライトノベル『涼宮ハルヒの憂鬱』シリーズの登場人物・鶴屋さんをモデルにした二次創作存在。原作にない「スモークチーズが好き」という設定がある。

4　漫画『ジョジョの奇妙な冒険』第二部の主人公ジョセフ・ジョースターは、相手の言動を先読みする能力に長け、「おまえの次のセリフは『〇〇』だ！」と言い当てる。

5　特撮テレビドラマ「仮面ライダーオーズ／OOO」に登場する鴻上生体工学研究所所長・真木清人と鴻上ファウンデーション会長・鴻上光生。

6　大成建設のテレビCMに登場する「ごめん、同級会には行けません。いま、シンガポールにいます」というフレーズはネットで話題となり、多様な場面で引用される。

巻末特集

八女ブルワリー

醸造家 佐野 史香

INTER VIEW

クラフトビールは種類が多いからこそ、自分に合った一本が見つけられる

▶動画編

2023年2月13日
聴きて＝今酒ハクノ

福岡県八女市の健康増進施設「べんがら村」は、2022年4月のリニューアルオープン以降、家族連れや若者、シルバー層など老若男女問わず賑わう人気スポットとなっている。ここで25年にわたりクラフトビール造りを続けている八女ブルワリー。動画でのロケ（右）に続き、醸造責任者の佐野史香さん、広報担当の山下由華さんにお話をうかがった（本文中敬称略）。

●地ビールからクラフトビールへ

――そもそも「べんがら村」はどういう経緯でブルワリーを併設したんですか？

佐野　ここができたのが一九九八年ですが、その頃はちょうど「地ビール」がブームでした。農産物直売所と温泉、そして地ビールと、それぞれ地元の良いところを掛け合わせて施設を造って、八女市を盛り上げようというコンセプトがあったのだと思います。

――私もべんがら村は子どものころに一度来たことがあって、周りの大人たちが地ビールに熱くなっていた雰囲気は覚えてます。家族旅行で「地ビールを飲みに行こう」と沖縄に行ったこともありました。

佐野　その地ビールブームの頃から、今でもまだ残っているブルワリーも多くはないですよね。

――おっしゃるように地ビールは二〇〇〇年代に一度下火になるわけですけど、八女ブルワリーが生き残れた秘

べんがら村全景

訣っていうのは何だと思いますか？

佐野　とはいえここも、その時期に造っていたビールの量はだいぶ少なかったと思います。併設のレストランで出す分くらいで。

――規模としては縮小していたんですね。

佐野　そうですね。ただ、べんがら村は指定管理者制の八女市の施設なので、ビール造りをやめるわけにもいかなかったみたいです。あまりに経営に困って、出荷用の「樽」（ケグ）を半分以上売却したという話も聞きました（笑）。当時はまだ私たちの会社（YMサービス）が管理していたわけではありませんが、そういう苦しい時期はあったみたいです。

二〇一七年くらいから「クラフトビール」が盛り上がってきて、製造量が増えてきました。二〇〇九年から醸造担当になった前任者は、鹿児島の城山ブルワリーへ修行に行ったと聞いています。そこでいろいろ学んで、試行錯誤して八女ブルワリーの味を確立したそうです。

――歴史あり、ですね。VTuberなんてまだまだ歴史が浅いな、これから衰退時期が来たらどうしようか（笑）。

佐野　今は各地にいろいろなブルワリーがあるから、オリジナリティをもってやっていくのも大変ですよね。でも、クラフトビールは地域性を出していくのがいちばんなのかなと私は思います。

●もともとビールが大好きだった

――佐野さんが醸造に携わるようになったのはいつ頃からですか？

佐野　二年ほど前からですね。その前はレストランでビールを注ぐ側でした。それこそ「酒クズ」じゃないですけど、もともとお酒を飲むのが大好きで、特にビールが好きだったので、ビアフェスなどイベントに出店するときによく手伝っていたんです。醸造については、前任者が退社すると決まってから私が引き継ぎました。

——佐野さん自ら立候補されたんですか？

佐野　社長からやってみないかと言われまして。新しく人を募集してもよかったとは思いますが。

山下　佐野さんのビール愛がすごく強かったんですよね。

——いわゆる市販のビールだけでなく、クラフトビールも好きだったんですか？

佐野　そうですね、大手のビールも好きでしたし、クラフトビールだと特にＩＰＡが好きでした。ブリュードッグ（二〇〇七年にスコットランドで創業した世界的に人気のブルワリー）のキレッキレのＩＰＡが大好きで、そこからクラフトビールにはまりまして。佐賀にマニアックな商品を揃えている酒屋さんがあったので、そこまで買いに行っていました。

今は醸造家の養成プログラムなどもあるみたいですが、実際に活躍されている方をみると、手探りで研究しながらビール造りをしている方が多いように感じます。造り手になるために、まずはビアバーのスタッフとして働き始める方もいるそうですし。

——国内でも女性の醸造家はいますが、まだそれほど多くはないですよね。

佐野　そうですね。日本の女性醸造家でいちばん有名なのはやはり箕面ブリュワリー代表の大下香緒里さんだと思いますが、九州だと鹿児島のHoney Forest Brewingも女性が造られていますね。

山下　弊社の佐野も「ママさん醸造家」として売り出そうと画策中です（笑）。

——佐野さんにとって、ビールを造るうえでいちばん大変なことはなんですか？

佐野　外気に左右される発酵管理ですね。

レストランからはガラス越しに醸造現場が見える

さらに奥には貯蔵タンクがずらり！

特に冬は気温が下がってしまうので。まだ経験が浅く、「前の年はこれでうまくいったからこうしよう」という蓄積が少ないのがもどかしいです。あとは、コロナ禍でビール造りを始めたので、適正の売れ方がわからず、醸造計画を立てにくいという大変さもあります。今は麦芽を注文してもすぐには届かなくて。情勢で輸入がしづらいことも関係しているかもしれませんが、国内でブルワリーが急増している影響が大きいと思います。

――日々の作業のなかでビールは飲まれるのでしょうか？

佐野　朝イチで飲みますね（笑）。発酵過程をみなくてはいけないので。朝は紅茶とかコーヒーのように味の濃いものは飲まないようにしています。

●大手VSクラフト……ではない？

――日本でビールを造る場合、やはり大手メーカーの製品は意識せずにはいられないと思いますが、差別化とか特色の出し方について、何か大切にされていることはありますか？

佐野　実は大手メーカーとクラフトブルワリーが完全に分かれてしまっているというわけでもなくて、ビール業界全体を盛り上げたいという気持ちは一致しています。八女ブルワリーでも二〇一九年に、キリンビールとのコラボレーションで「コスモスビール」というクラフトビールを造ったことがあります。キリンビールは「製麦」（大麦から麦芽をつくる工程）ができる設備を朝倉市にある福岡工場にもっているので、地元産の麦芽を使ったクラフトビールを造ろうとなったときに、八女ブルワリーに声をかけてくださいました。

そのあと二〇二〇年にも、このキリンビールの地元産麦芽を使用して、朝倉市にある「藤井養蜂場」のはちみつを副原料にした「あさくらエール!!!」というクラフトビールを造りました。藤井養蜂場は創業一〇〇年以上の老舗ですが、この年の集中豪雨で大きな被害を受けていて、その復興に向けてという想いもありましたし、コロナ禍で困っている地元の飲食店を応援するためというのもありました。

——それは意外というか、驚きました。どうしても外野からは「大手VSクラフト」みたいに見てしまいがちですが、中ではそうなってるわけではないんですね。

佐野　大手だからとか、小さなブルワリーだからとかでライバル視することはなくて、一緒にビール業界を盛り上げる「仲間」という感覚のほうが近いと思います。九州にもクラフトビールの協会（ＫＣＢＡ）があって、定期的に研修会が開かれますが、みなさんライバルではなく同じ業界の仲間として接しています。もしかしたら、九州自体にそういう「横のつながり」を大切にする文化があるのかもしれませんね。

——志をもっている人同士が集まれるっていうのは心強いですね。よくよく考えたらＶＴｕｂｅｒも、古くからやられている方は、大手事務所とか個人とか関係なく仲良くしています。志をともにする人と一緒にやることで、足りないところを補い合ったり、モチベーションを維持したりできる。業界が変わってもそういう部分は変わらないのかもしれませんね。

●料理のお供として

——私は最初、八女茶を使ったビールと聞いてどうなるか想像もできなかったんですが、飲んでみて驚きました。お茶が前に出すぎずに、ちゃんとビールを立てていると思って。そういうバランスはどのように考えて造られているんですか？

佐野　やっぱり副原料が目立ちすぎないように、というのは意識しますね。レストランで提供するビールなので、どんな料理とも合うようにする必要があって。

——料理を前提に考えているからなんですね。ただ地元の副原料を使えばいいっていうんじゃなくて、しっかり味にこだわって造っておられるのが飲んでいてよくわかりました。ちなみに、佐野さん個人としてのお気に入りはありますか？

佐野　迷いますが、「深蒸しＩＰＡ」ですかね……。

——ピルスナーでもＩＰＡでもお茶を使ったビールを造っておられるのは、こだわりが感じられますね。

佐野　私が醸造に携わるずっと以前ですが、もともと八女ブルワリーがもっていた醸造免許が、副原料を必ず入れないといけないものだったんですよね。それで八女の特産品を使った六種類のビールが造られたのですが、ビアスタイルして人気の高いピルスナーとＩＰＡがフラッグシップになるだろうということで、全国的に知られている八女茶を使おうとなったようです。よりグラッシー（草っぽい）で苦みの強いＩＰＡなら、お茶と合わせやすいだろうということで、深蒸しの茶葉を使うレシピが作られたのだと思います。

——必要に駆られて良いものができるっ

ゆったり ブラック　深蒸しIPA　Bright Star Pilsner　ぶどうIPA　華たちばな Hazy IPA　ブルーベリーエール

ていうのは動画とか曲制作でもありがちなので、逆に納得感がありますね。山下さんもビールは飲まれますか？

山下　ええ、ここのビールをいっぱい買っています（笑）。

――おすすめはありますか？

山下　私はピルスナー（Bright Star Pilsner）ですね。飲みやすいので、友人のために買って持っていくときもピルスナーを選ぶことが多いです。

佐野　クラフトビールを飲んだことがない方にも、ピルスナーは勧めやすいですね。最近流行の「サウナー」にも人気です。あとは、「黒ビール」が苦手な方にもスタウト（ゆったりブラック）はお勧めしています。「うちのはおいしいから絶対に大丈夫だよ」と言って（笑）。

ここはビールだけを専門にしている施設ではなく、温泉があってレストランもある中でビールを提供しているので、あまり個性的すぎるものは造らない方針にしていて、飲みやすいラインナップを揃えているほうだと思います。

――どの層に向けて造っているかが重要になるんですね。

●地域密着の商品開発

――新商品の開発はどのようにされてるんですか？

佐野　開発会議とかは特になくて……。たとえばいま期間限定で販売している「華たちばなHazy IPA」は、JA（農業協同組合）の柑橘部会の青年部の方々がミカンを使った独自商品を考えていて、ビールと合わせたいということで相談を持ちかけられました。八女ブルワリーのビールを卸している「道の駅たちばな」（八女市立花町）の方が仲介してくれたのですが、ここがミカンの加工をしてくれることになって、三社共同開発という形でまとまり。話が決まって三人で集まったら、なんと青年部の部長をやっているJAの方が同級生だったんですよ（笑）。

――地元感がすごい！（笑）　まさに地

レストラン内のカウンターの上に掲げられている
八女ブルワリーのマークにも八女杉が使われている

域密着ですね。

佐野　他からの依頼ではなく自分で開発したものだと、「八女杉」を使ったビールを造りました。奈良県のグッドウルフ麦酒が「吉野杉」を使ったペールエールを醸造されているのを知っていたので。木を使ったビールだとほかにヒノキなんかも使われますね。

山下　瓶に入れての販売はせずに、今年のお正月にレストラン限定で売り出しましたが、とても好評でしたよ。

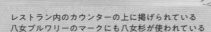

佐野　そういう風に、まずはレストランで出してみて、お客様の反応をうかがって、好評なら商品化していこうかなというのはあります。

――レギュラー商品の「ぶどうＩＰＡ」はどのように開発されたのですか？

佐野　もともとはＯＥＭ（委託）で醸造していたのですが、思いのほか人気だったので、うちのレギュラー商品に格上げになりました（笑）。フルーツビールというイメージで飲むとＩＰＡの苦味に驚く方もいると思うので、そのギャップをどう埋めるかが難しかったですね。

――「ＩＰＡで」っていうのは、もともとのクライアントの依頼だったんですか？

佐野　そうですね。ＩＰＡがいいと。柑橘系のフルーツとＩＰＡは相性がいいじゃないですか。ホップが柑橘系の香りなので。ただブドウはそうもいかないので、難しいところでしたね。

――いわゆる「ブドウ」といっても意外な味がしますよね。皮の部分の風味が強いような。

佐野　渋みが感じられるとよく言われますね。好きな人は本当に好きで、こればかり買われる方もいます。

――冬季限定の「ブルーベリーエール」はいかがでしょう？

佐野　これは星野村にある農家の方から直接仕入れているブルーベリーを使っています。すごくよくしてくれるおばあちゃんがいて、一年に一回取りに行くのが楽しみなんですよね。

――そんな和気あいあいと仕入れもされてるんですね。

佐野　ブルーベリーは特にそうですね。ここのは粒が大きくて、手入れもきちっとされていて、品質がいいんですよね。もともとは玉露を作られていたんですが、あまりに手間がかかるので、高齢になられて座りながらでも仕事ができるようにということで、ブルーベリー栽培を始められました。

——星野村は名前のとおり星が綺麗でいいところですよね。「原爆の火」でも有名ですし。

佐野　「原爆の火」がある平和公園から見える星空がいちばん綺麗ですよね。プロポーズ場所としても人気です。

●好きなビールを見つける楽しさ

——この本は、もともとクラフトビールが好きな方以外にも、今酒ハクノが「推し」だからということで買ってくれる方もいます。そういうこれからクラフトビールの世界に入っていく方に向けて、なにかメッセージをいただけますか？

佐野　ビールには本当にいろいろなスタイルがあるので、その奥深さをぜひ知ってほしいですね。種類が多いからこそ、自分に合った一本が見つけられると思います。市販のラガービールを飲んで、「苦いから嫌い」と敬遠している方もいるかもしれませんが、クラフトビールは本当にいろいろな味わいがあるので、まずは飲んでみて、自分に合うスタイルを見つけて、ビールを好きになってくれたらうれしいです。「ビールが嫌い」と言われると、やっぱり悲しいので。

——「見つける楽しさ」みたいなところもあるかもしれませんね。この本はそのための47都道府県というコンセプトでもありますから。これだけあればどれかは好みのビールがあるだろう、と。

佐野　私がよく行く酒屋さんも同じような話をされていました。「ビールが苦手な私でも飲めるものはありますか？」と訊かれるお客さんがいて、ちゃんと丁寧に説明すると、そのお客さんは通うようになってくれるそうです。「勧めてもらったのがおいしかったから」ということで。その酒屋さんも全国のクラフトビールを取り扱っていますが、「ビールは嫌いだけどクラフトビールは好き」というお客さんもいらっしゃるみたいですね。

——この本もそういう人の助けになればいいなぁ。

左が醸造責任者の佐野さん、右が広報担当の山下さん

あとがき

いかがでしたか？[1]　クラフトビールの世界は奥が深いですね。

この日本全国クラフトビールブートキャンプを乗り越えた諸君は、ビールのジャンルが実に多様であること、そしてクラフトビールは日本のどこにも存在していることを知ることができたと思う。

じゃああとは行動するだけだ。気になるクラフトビールはあった？　飲みやすそうなジャンルは？　便利なモンで、この本に載ってるクラフトビールはそのほとんどが今すぐネットで注文できる。あなたのバイブスが満タンなうちに、勢いで注文してみるのが一番いいかもしれないね。私もＶＴｕｂｅｒ始めるときは勢いだったよ。「あっ！　やりてぇ」って思ってから数日でデビューだったからね。[2]

近くにブルワリーがあることを発見したなら、実際にそこへ行ってみるのもいいと思う。やっぱり輸送時の劣化がない生産地での飲酒が一番いいし、現地でしか飲めない激レアビールってのもしばしばあるから。より現場感あるリアルヒップホップなビールを味わいたい人は、断然直接ブルワリーを訪れるべきだね。

かく言う私も、まだ現場を知っているとはとても言えねぇ。私だってこの本の企画が立ち上がる前は「クラフトビールか……よなよなエールとかよね？　飲んだことはあります」って状態だった。それを「今酒……貴様はクラフトビールをレビューさせたらペラペラだったな？」[3]って担当さんに言われて、そこから六一本集中講義でビールの味を学んでいったんだから。まえがきで「四人に

1　「いかがでしたかブログ」と呼ばれる低品質なブログ記事群で多用される締めの文句。たいていの場合ＳＥＯ対策ばかり気にして文字数に対して質や信憑性がなく、検索妨害になっていると言われている。

2　これはマジ。漫画家やライターを兼業している個人勢ＶＴｕｂｅｒ・マシーナリーとも子氏を目撃した筆者は「えっ？　このＶＴｕｂｅｒの身体動かすLive2Dってヤツ、一部の職人だけじゃなくて私でもやろうと思えばできんの!?」となり、勢いで準備を始めた。

3　漫画『ゴールデンカムイ』の登場人物、鶴見中尉のセリフ「月島……貴様はロシア語がペラペラだったな？」が元ネタ。当時死刑囚でありロシ

三人はビールの味がわかるはず」って言ったの、アレ体験に基づく言葉だからね。私もみんなと同じで飲んで成長したんだ、みんなにも「できん」とは言わせんぜ。

さて、私もこれでクラフトビール探訪をやめるつもりはない。なにせ私が今回飲んだクラフトビールはたったの六一本。対し、国内にあるブルワリーの数は最近のポケモンくらい爆増してて、この本に載っているブルワリーすら全体の一割にも満たないわけ。クラフトビール玄人の読者の方がもしいれば「あのブルワリーをまだ飲んでないとは！」ってトコもマジで多いだろうし、何本飲んだから終わりって世界じゃないんだよな。

全国図鑑を完成させるのも、運命の一本を求めて旅をするのも、プレイスタイルは人それぞれだろうけど。地ビール時代からの探求者であれ、クラフトビールを今日知った初心者であれ、「うめぇビールを飲みたい」という志は同じのはず。今後も共に缶を、瓶を、グラスを、共に滅ぼしていこうではないか。だってオレらはようやくのぼりはじめたばかりだからな、このはてしなく遠いクラフトビール坂をよ……。[4]

二〇二三年三月二七日　春休み料金でバカ高な秋葉原のビジネスホテルにて

今酒ハクノ

ア語を学んだことすらなかった月島に、彼を気に入った鶴見が「恩赦を得るためロシア語を死ぬ気で勉強しろ」という意味で放ったセリフ。ちなみに筆者は別に担当さんから脅されて本を書いたわけではない。

4　車田正美による少年漫画『男坂』の最終話に登場したセリフのパロディ。残念ながらこの作品は多くの伏線を残しつつ打ち切りになってしまい、その最終ページに元ネタが登場している。なお本作は打ち切り後も根強い人気を保ち、なんと連載が復活。現在はマンガ誌アプリ「少年ジャンプ+」にて短期集中連載を繰り返している。

今酒ハクノ IMASAKA HAKUNO

市販の酒やおつまみレビュー、酒を使ったチャレンジ動画などをメインに活動する、自称「酒クズ系 VTuber」。コンビニ弁当工場で働くストゼロ漬けの生活を送っていたが、2018 年 5 月に活動開始。2023 年 3 月現在、YouTube チャンネル登録者数は 14 万、総再生数は 3900 万回を超える。お笑いやサブカルチャー、趣味の麻雀やポーカーネタを取り入れた動画に定評があり、ヴィレッジヴァンガードとのコラボ、MAGNET by SHIBUYA109 でのコラボストア展開などが話題となった。またラッパーとしても活動を行っており、2021 年 10 月にリリースした 1st EP『暗銀の盾』は iTunes の「ヒップホップ／ラップ トップアルバム」部門で第 2 位を獲得した。2022 年にテキーラマエストロの資格を取得。シーランド公国の男爵でもある。

BOOK STAFF

編集	小川智史
	出口圭美（G.B.）
デザイン	別府 拓（Q.design）
イラスト	ゆいあい
用紙	紙子健太郎（竹尾）
校正	株式会社東京出版サービスセンター
営業	峯尾良久、長谷川みを（G.B.）

違いがわかる酒クズの

クラフトビール超批評

47 都道府県コンプリート版

初版発行　2023 年 4 月 28 日

著者	今酒ハクノ
編集発行人	坂尾昌昭
発行所	株式会社 G.B.
	〒 102-0072 東京都千代田区飯田橋 4-1-5
電話	03-3221-8013（営業・編集）
FAX	03-3221-8814（ご注文）
URL	https://www.gbnet.co.jp
印刷所	株式会社シナノパブリッシングプレス

ISBN 978-4-910428-27-7